空中交通管理系列教材

飞行模拟实践

主 编◎向 星

西南交通大学出版社
·成 都·

图书在版编目（CIP）数据

飞行模拟实践 / 向星主编. —成都：西南交通大学出版社，2020.1（2021.1 重印）
空中交通管理系列教材
ISBN 978-7-5643-7356-6

Ⅰ. ①飞… Ⅱ. ①向… Ⅲ. ①民用航空 – 飞行模拟 –
高等学校 – 教材 Ⅳ. ①V211.73

中国版本图书馆 CIP 数据核字（2020）第 013305 号

空中交通管理系列教材
Feixing Moni Shijian
飞行模拟实践
主编　向　星

策 划 编 辑	杨国喜
责 任 编 辑	刘　昕
封 面 设 计	何东琳设计工作室
出 版 发 行	西南交通大学出版社 （四川省成都市金牛区二环路北一段 111 号 西南交通大学创新大厦 21 楼）
发行部电话	028-87600564　028-87600533
邮 政 编 码	610031
网　　　址	http://www.xnjdcbs.com
印　　　刷	四川煤田地质制图印刷厂
成 品 尺 寸	185 mm × 260 mm
印　　　张	10.5
字　　　数	262 千
版　　　次	2020 年 1 月第 1 版
印　　　次	2021 年 1 月第 2 次
书　　　号	ISBN 978-7-5643-7356-6
定　　　价	35.00 元

课件咨询电话：028-81435775

前　言

飞行技术与实践紧密结合,只有在实践应用中才能深刻理解和掌握。然而,由于飞行的费用昂贵,空管和地勤维护人员很少有体验飞行的机会,桌面飞行模拟(PCATD)练习器使用计算机软件和驾驶舱模拟操纵设备,给这些在地面为飞行服务的人员,以及初学飞行的学生提供了一个经济、有效、可视化的学习途径。

飞行模拟实践课程涉及面广,实践性强,涵盖飞行原理、航空器系统与动力装置、通信导航、空中领航、航行情报、航空气象以及目视和仪表飞行程序等航空理论知识。通过飞行模拟实践课程的学习,学生能够熟悉飞行操纵的基本技能,掌握机载常用通信、导航设备的使用方法,巩固领航基本知识,同时为后续的空中交通管理、飞行程序设计和地勤维护的学习打下必要的基础。

本教材以交通运输专业的飞行模拟实践课训练大纲为依据,基于微软设计的模拟飞行软件 Flight Simulator X 加上模拟驾驶舱操纵系统的桌面飞行练习器(PCATD),首先介绍驾驶舱主要仪表和操纵系统(第 1 章),接下来讲解地面和空中的基本操纵 (第 2 章、第 3 章),在讲解地面运行时,结合机场交通管制,介绍了机场的地面设施。空中的导航飞行包括目视(第 4 章)和无线电仪表导航飞行,目视飞行是矩形起落航线,无线电导航包括 NDB、VOR、DME 和 ILS 等训练内容(第 5 章);仪表飞行程序(第 6 章)是各种导航方法的综合应用,先作一般讲解,然后是模拟飞行实例。最后是自动飞行控制(第 7 章),包括飞行指引仪(DF)、自动驾驶仪(AP)以及自动油门(AT)的使用;模拟练习所用软硬件的使用方法在第 8 章,与前面练习同步学习。为了加深学生的理解,在讲解设备、操作及程序时,还介绍了相关知识。实际模拟练习操作会省略某些阶段和项目,在一些操作的讲解上和真实情况也会有所差别,附录部分是一些实例、飞机性能数据和模拟飞行程序,供练习参考。

本教材适用于交通运输专业以及其他航空地面勤务专业的飞行模拟实践课,配合课堂练习。学生在每次练习前应充分了解练习的目的和要求,按预定的计划和步骤学习。

本教材第 1 章、第 3～5 章、第 6 章第 1、2 节（6.1、6.2）和第 7 章由向星编写，第 2 章和第 8 章由陈宽明编写，第 6 章第 3 节（6.3）由罗洪东编写。附录 3～7 由向星提供，附录 1 和 2 由陈宽明提供，附录 8 由罗洪东提供。夏正洪、陈英和宋韬为本教材的制图和校对提供了大量帮助，在此表示衷心感谢！

　　由于搜集到的资料有限，编者水平也不足，书中难免有疏漏和不妥之处，敬请读者批评指正。

编　者

2019 年 11 月

目 录

第1章　驾驶舱仪表与操纵系统··1

　1.1　仪表系统···1

　1.2　操纵系统···13

第2章　地面运行···15

　2.1　跑道、滑行道、停机坪····································15

　2.2　起飞前的地面操作···16

　2.3　着陆脱离跑道后···21

　2.4　通用航空单人制机组地面运行·····················22

　2.5　无管制机场或塔台关闭机场的地面运行·······25

　2.6　管制环境下训练防跑道侵入·························26

第3章　空中飞行操纵··29

　3.1　起　飞··29

　3.2　直线平飞···34

　3.3　曲线飞行···35

　3.4　动力系统的操纵···41

第4章　目视起落航线··43

　4.1　起落航线各边的飞行···43

　4.2　着陆操纵···45

　4.3　复　飞··47

第5章　空中无线电导航··49

　5.1　NDB 导航···49

　5.2　VOR 导航···58

　5.3　DME 导航···65

　5.4　ILS 导航与进近···68

第6章　仪表飞行程序··75

6.1 仪表离场程序 ………………………………………… 75

6.2 仪表进近程序 ………………………………………… 76

6.3 仪表飞行程序实例 ……………………………………… 86

第 7 章　自动飞行控制 ………………………………… 105

7.1 自动驾驶仪（AP） …………………………………… 105

7.2 飞行指引仪（FD） …………………………………… 108

7.3 自动油门控制系统 …………………………………… 114

第 8 章　FSX 与模拟操纵系统 ………………………… 119

8.1 桌面模拟飞行练习器的组成 ………………………… 119

8.2 FSX 练习的初始设置 ………………………………… 119

8.3 FSX 操作界面主要功能 ……………………………… 122

8.4 模拟飞行操纵系统 …………………………………… 130

8.5 桌面模拟飞行练习器常见故障处理 ………………… 133

参考文献 ……………………………………………… 138

附录 1　发动机地面试车检查程序 …………………… 139

附录 2　单人制机组飞行简令卡 ……………………… 142

附录 3　Cessna 172R NAV Ⅲ 起飞简述 …………… 144

附录 4　Cessna 172R 正常检查单 …………………… 145

附录 5　Cessna 172SP 主要性能数据 ………………… 146

附录 6　Beachcraft Baron 58 主要性能数据 ………… 147

附录 7　Beachcraft Baron 58 操作程序 ……………… 148

附录 8　737-800NG 系统简介 ………………………… 154

第1章　驾驶舱仪表与操纵系统

　　驾驶舱仪表与操纵系统是飞行员驾驶飞机的操纵界面，对其使用方法的掌握，包括熟悉仪表的类别、功能、认读和仪表布局，操纵系统的功能和操纵方法，以及各仪表与相应操纵设备、导航或动力系统的联系。各型飞机的驾驶舱仪表与布局，以及操纵系统具有相同或相似的特点（见图1.1、图1.2），对具体机型的操作，要按其飞行手册执行。

图 1.1　Beachcraft Boron 58 驾驶舱仪表

1.1　仪表系统

　　飞机的仪表系统就像人的感觉器官和神经系统，使飞行员能够掌握飞机的状态和位置。为便于学习，下面首先以小型活塞式发动机飞机的机电分离式仪表为例对各仪表的功能、认读，以及各仪表之间的关系进行讲解，再介绍电子仪表系统。

时钟、电压及大气温度表　ADF指示器　航道和下滑指示器　无线电通信、导航控制面板　音频控制面板

主电源及电瓶电源开关　电子仪表电源开关　转速表　油门杆　混合比杆　襟翼操纵手柄　应答机编码器　燃油选择器
及位置指示　自动驾驶仪控制面板

图 1.2　Cessna 172SP 驾驶舱仪表

1.1.1　分离式仪表系统

驾驶舱仪表系统可分为飞行仪表系统、无线电导航/通信仪表系统、自动飞行系统（很多小型飞机只有自动驾驶仪）、发动机及电气仪表系统、操纵面位置指示器和灯光、音响指示系统。

1. 飞行仪表系统

飞行仪表系统与飞机的姿态和速度操纵有关，以及监控飞机的高度、速度和航向。它包括姿态仪 AI（或姿态指引仪 ADI）、航向仪 HI（或水平状态指示器 HSI 航向仪部分）、速度表 ASI、高度表、转弯协调仪 TC 和垂直速度表 VSI。前四种仪表呈"T"字形分布，后两种分别位于"T"字形的左、右下方，如图 1.3 所示。这种布局方式具有普遍性。

1）AI/ADI

AI/ADI 指示飞机的俯仰和坡度。仪表上代表地平线的水平线把表盘分为两部分，上面为蓝色，下面为黑褐色。也把垂直方向上的刻度分为两部分，分别表示 0°~20° 上仰和下俯角，即飞机纵轴与地平线的夹角。表盘上方的环形刻度表示飞机的坡度，即飞机横轴与水平面的夹角（或立轴与垂直面的夹角），中间的倒三角形 "▼" 表示 0°，左、右刻度分别为 10°、20°、30° 和 60°，飞机倾斜时指针随飞机转动，刻度环和中间部分保持水平状态（因此人工地平线的倾斜方向与飞机偏转方向相反），指针指示坡度。ADI 除指示飞机的姿态外，还可与飞行指引仪（FD）关联，打开 FD 后，出现指引针，引导飞行员上/下、左/右修正飞行航迹。另外，ADI 还可以显示来自仪表着陆系统的航向道和下滑道偏离信号、来自无线电高度表的决断高度警告信号、转弯侧滑指示，以及快、慢指示（实际空速与目标空速之差）。

空速表ASI　　　　　　　姿态仪AI　　　　　　　气压式高度表

转弯协调仪TC　　　　水平状态指示器HSI　　　　升降速度表VSI

图 1.3　飞行仪表系统

2）HI/HSI

航向仪指示飞机的磁航向，即磁经线北端顺时针量到飞机纵轴机头方向的夹角。水平状态指示器（HSI）除指示航向外，还可以显示甚高频航道偏离信号、仪表着陆系统的航道和下滑道偏离信号，以及 DME 距离与地速。航向仪表都有航向选择旋钮，用以调整表盘上的游标指示预选航向。

3）TC

转弯协调仪分为上、下两个部分，上部分指示飞机的倾斜程度和转弯率大小，下部分指示转弯侧滑情况。飞机带倾斜坡度时，表盘中央的小飞机也倾斜，且与飞机倾斜方向相同，翼尖指示刻度 "L" 或 "R" 时，对慢速飞机表示以标准转弯率 3°/s 左或右转，对快速飞机表示以转弯率 1.5°/s 左或右转。下部分的弯管中有一个侧滑小球，侧滑小球指示飞机的纵轴与迎面气流的关系：飞机纵轴与迎面气流平行，不带侧滑，小球居中，为直线飞行或协调转弯；迎面气流从飞机左或右前方吹来，小球向左或右偏离中间位置，指示左或右侧滑。

4）气压式高度表

气压式高度表指示飞机的气压高度，单位通常是英尺（ft），有两到三个指针分别指示万、千和百英尺，通过表下方的气压调节旋钮调节基准气压面，基准气压面气压值在表中的气压窗口显示。

5）VSI

升降速度表指示飞机的上升/下降率，单位通常是百英尺/分，"0" 刻度线的上、下刻度分别指示上升、下降率。

6）ASI

ASI 显示仪表空速或真空速，单位通常是节（kn），其刻度环标有不同颜色的弧线，分别代表飞机各种构型或状态下的速度范围：白色弧线表示放襟翼状态下的速度范围，最小值为着陆构型下的失速速度；绿色弧线为飞机净形状态下的速度范围；黄色弧线代表超出正常速度的警戒速度范围，飞机只能在稳定气流中飞行方可达到此速度范围；红色标线指示最大速度，在任何情形下都不允许超出。

以上仪表出现故障时，会出现相应的警告旗，如航向警告旗在航向系统失效时，或航向系统处于快速协调过程中时出现，此时航向信号不可用。

2. 发动机及电气仪表系统

该系统用于监视发动机及电气系统的工作状态，包括进气压力表、转速表、燃油油量/流量表、滑油温度/压力表、气缸头温度表、排气温度表、电流/电压表、真空度表。这类仪表的刻度环往往有一个绿色的圆弧区，指针指示该区时，表示相应系统正常，有些还有黄色和红色的圆弧或标线，分别表示警戒和警告范围。

除大气条件和飞行速度外，活塞式发动机的功率受转速、进气压力和温度、混合比以及滑油温度的影响。进气压力表指示发动机气缸进气歧管处的气体压力，转速表指示曲轴转速，进气压力和转速越大，发动机功率越大。气缸头和排气温度与混合比大小有关。对无人工螺旋桨变距装置的飞机，由于转速直接对应进气压力和混合比，所以没有进气压力表，如 Cessna 172SP；而安装人工变距装置的飞机，转速的变化还要受到螺旋桨桨距的影响，因此，安装有进气压力表。

真空度表与真空泵驱动的气动陀螺仪表有关，如地平仪和航向仪。

相关知识：

1）机体坐标轴系与飞行姿态

机体坐标轴系包括横轴、纵轴和立轴，相互垂直并交汇于飞机的重心，如图 1.4 所示。横轴与机翼平行，绕横轴的运动叫作俯仰，也称俯仰姿态变化；纵轴与机身平行，飞机的对称面通过纵轴与横轴垂直，绕纵轴的运动叫作滚转，也称横侧姿态变化；立轴与机体平面垂直，绕立轴的运动叫偏航，也称航向变化。

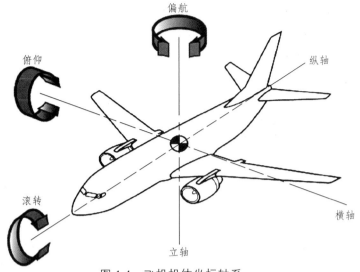

图 1.4　飞机机体坐标轴系

迎角是机翼翼弦与迎面气流的夹角，与升力系数的大小相关，如图 1.5 所示。俯仰姿态变化会直接引起迎角变化，其他姿态变化也会直接或间接影响迎角的大小，从而导致升力系数的改变。

图 1.5　迎角的定义

2）各仪表间的相互关系

对飞机的操纵控制可以分解为水平面内、垂直面内和纵向速度控制，上述飞行仪表以及进气压力和转速表也可以分为与飞机在水平面的运动有关、在垂直面内运动有关和与纵向速度有关的仪表，如图 1.6 所示。

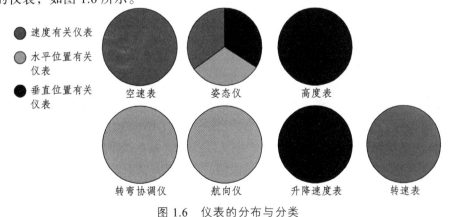

图 1.6　仪表的分布与分类

（1）与垂直剖面内运动有关：姿态仪（俯仰）、高度表和垂直速度表。

在垂直剖面内，飞机的上升、下降运动反映到高度表和垂直速度表上。在上升、平飞以及下降之间转换时，需要改变升力，而改变升力，往往伴随俯仰角的调整。

（2）与水平面内运动有关：姿态仪（坡度）、航向仪和转弯协调仪。

要改变飞机水平面内的运动轨迹，必然要做转弯操纵改变航向，而飞机的转弯，是通过使飞机倾斜一定的角度（坡度），以使升力倾斜而产生水平方向的分力，这个分力与飞机的运动方向垂直，成为转弯运动的向心力。转弯半径与向心力的大小和飞行速度有关，而向心力的大小与升力和坡度有关。为维持飞机的高度，升力在垂直方向上的分力始终与重力平衡，坡度越大，所需升力越大，在水平方向的分力也越大。向心力越大，转弯半径越小，转弯率越大。转弯率的大小可以参考转弯协调仪，一般不要超过 3°/s。

飞机的转弯过程一般要求不带侧滑，即迎面气流与飞机的纵轴一致，在转弯操纵时应观察侧滑仪，掌握好盘舵的操纵量，使飞机的倾斜和机头偏转协调运动。

（3）与纵向速度有关：姿态仪（俯仰和坡度）、速度表、进气压力表、燃油流量表和转速表。

如图 1.7 所示，飞机在空中飞行中受到四种力：重力、升力、阻力和拉(推)力，在匀速直线飞行中，即匀速直线平飞、上升和下降中，所受的重力、升力、阻力、拉(推)力处于平衡状态，合力为零。

图 1.7　飞行中的受力

不考虑外界大气条件，升力和阻力的大小决定于飞机的外形、迎角、速度和侧滑角。在飞行过程中，除起飞和着陆阶段，飞机通常保持净形状态，则升力和阻力就由迎角、速度和侧滑角决定。直线飞行中，侧滑角通常为 0°，而迎角的变化与俯仰角的变化一致。

飞行速度的改变取决于拉(推)力和阻力的变化，拉（推）力的大小与发动机功率有关。匀速飞行时，拉力等于阻力，当飞机的构型或姿态（俯仰或倾斜角）发生变化，阻力也会随之改变；另外，阻力也与速度的平方成正比。因此，当飞机的构型或姿态发生变化时，要使飞机保持匀速飞行，就必须调整发动机功率，使拉（推）力与阻力相等；当需要调整飞机的速度时，改变发动机功率，使拉（推）力与阻力不平衡，从而改变飞行速度。随着飞行速度的改变，为了保持高度，需要调整飞机的俯仰角，以维持升力与重力的平衡。
飞机在水平面内、垂直剖面内运动和纵向速度的改变又是相互联系的。飞机上升、平飞和下降之间的转换，以及由直线飞行改为转弯或盘旋，都要改变飞机的姿态，阻力发生变化，如果要保持飞机的速度，须调整拉（推）力使之与阻力平衡；当飞行速度发生变化时，如果不调整飞机的俯仰角，升力也会发生变化，导致飞机上升或下降。

3. 无线电通信/导航仪表系统

该系统包括控制盒、指示仪表与音频选择器。在控制盒面板上有频率选择、音量调节和系统测试功能，通常有两个频率显示窗，分别显示使用频率和备用频率，只能对备用频率进行调节，有一个频率转换按钮可使使用频率和备用频率相互转换。指示仪表指示飞机相对于电台的方位或距离，控制盒对应特定的指示仪表。测距仪控制盒面板上的显示窗显示距离和地速。音频控制面板（选择器）用于选择收听通信或导航电台的音频信号。

指示仪表有无线电磁指示器（RMI），指示电台方位角（QDM）或飞机方位角（QDR）；相对方位指示器（RBI)），指示电台相对方位角（RB）；航道指示器（CDI），指示飞机实际所在航道与选择航道的关系；水平状态指示器（HSI）与下滑指示器，指示飞机实际位置与所选航道和下滑道的关系。

4. 自动飞行系统

自动飞行系统包括自动驾驶仪（AP）、飞行指引仪（FD）、自动油门系统（AT）、偏航阻尼系统（YD）、自动俯仰配平系统（APT）和飞行管理计算机系统（FMCS）。很多小型飞机上只有自动驾驶仪。在自动驾驶仪控制面板上可以选择自动驾驶的各种工作方式，如图 1.8 所示：① 航向方式（HDG）；② 导航方式（NAV）；③ 进近方式（APR）；④ 反航道进近方式（BC/REV）；⑤ 高度方式（ALT）。

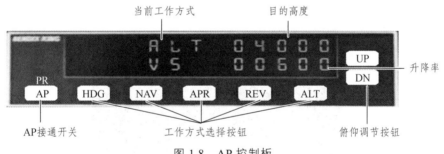

图 1.8　AP 控制板

5. 灯光指示系统

（1）起落架位置指示灯：一组三个灯，放下锁好为绿色，收放过程中为红色，收上锁好灯熄灭。

（2）ILS 指点标信号灯：一组三个灯，为蓝色、琥珀色和白色，分别表示飞机在 ILS 进近过程中通过外、中、内指点标。

（3）警戒和告警指示灯，如图 1.9 所示起落架、发电机和发动机启动告警指示。

图 1.9　告警指示灯

6. 操纵面或调整片位置指示器

（1）襟翼位置指示器：指示襟翼放下的角度。

（2）配平片位置指示器：指示升降舵、副翼或方向舵的配平片位置。

1.1.2 电子仪表系统

飞机电子仪表系统是将各种飞行姿态信息、状态信息、导航信息、气象信息以及飞机系统信息用六个显示组件进行控制和显示，其核心是计算机，将大气数据计算机系统、惯性导航系统、无线电导航系统、操纵系统以及飞机内部电气、环境控制等各系统的传感器送来的数据进行处理，生成图像送往显示器显示。六个显示器分别是两套电子飞行显示系统（FEIS），包括主飞行显示器（PFD）和导航显示器（ND），正、副驾驶各一套；一套电子飞机集成监控系统（ECAM），包括发动机警告显示器（E/WD）和系统显示器（SD）。

1. EFIS 的控制和显示

1）EFIS 的显示

（1）PFD。

PFD 主要显示飞机的俯仰和倾斜姿态以及姿态指引，另外还显示一些附加信息，如图 1.10 所示。显示的附加信息：

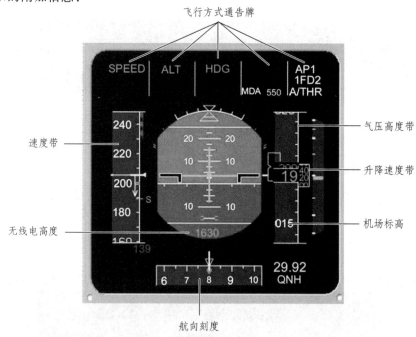

图 1.10　FPD 显示器

① 速度。随飞行速度的变化滚动，速度带指针指示的为飞机的仪表空速。还可以显示设置的一些特定速度：指令速度，如 V_1、V_R；限制速度，如最小机动速度、抖杆速度、最大速度、襟翼标牌限制速度、起落架放下最大限制空速；入口速度 V_{REF}，等。

② 飞行方式通告牌，通告自动油门 AT 及自动飞行系统的飞行方式、决断高度或最低下降高度（DA/MDA）。

③ 气压高度带和垂直速度带，分别随飞行高度和升降速度滚动，指针指示气压高度和升降率，右下角显示基准面气压值。

④ 机场标高，显示设置的机场标高。

⑤ 航向刻度，指示飞机当前的磁航向。

⑥ 航道 LOC 和下滑道 GS 偏离信息、盲降频率和 DME 信息，飞机进近时，显示 LOC 和 GS 偏离信息。如果是 ILS/DME 进近，还显示 DME 信息（左下角显示）。

（2）ND。

ND 上可显示的信息较多，由控制板上的方式选择旋钮选择显示格式，以使仪表简洁，只提供需要的信息。ND 有六种显示格式。

① ROSE VOR 格式：显示传统 HSI 上的信息，并增加了地速、预选航道、风、气象雷达回波等附加信息，如图 1.11 所示。

② ROSE ILS 格式：在基本的 ROSE VOR 格式上增加数据，如图 1.12 所示。

③ ROSE NAV 格式：在基本的 ROSE VOR 格式上增加飞行计划和相关航路点显示。

④ ARC 格式：显示 ROSE VOR 格式中飞机前方 90°范围的一个扇形区内的信息，如图 1.13 所示。

⑤ PLAN 格式：仅显示以真北为基准的飞行计划，如图 1.14 所示。

⑥ ENG 格式：显示发动机的主要参数，作为 ECAM 显示管理计算机完全失效时的备用方式。

图 1.11 全罗盘 VOR 格式

图 1.12 全罗盘 ISL 格式

图 1.13 ARC 格式

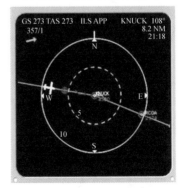

图 1.14 PLAN 格式

2）EFIS 的控制

EFIS 的控制系统包括控制板和转换板，正、副驾驶各一套，分别控制各自的显示器。控制板分为 PFD 部分和 ND 部分，如图 1.15 所示。

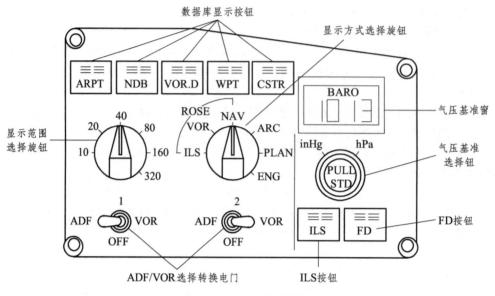

图 1.15　EFIS 控制板

（1）PFD 控制部分。

① ILS 按钮：按下该按钮，在 PFD 上显示 LOC 和 GS 的刻度和偏离信息。

② FD 按钮：按下该按钮，在 PFD 上显示飞行指引针。

③ 气压基准选择旋钮和气压基准窗：用于选择高度表的基准面气压值，分内外两部分，外旋钮选择气压，测量单位：hPa 或 inHg；内旋钮拉出选择标准气压值，按下并旋转设置气压值。选择的基准气压值在气压基准窗中显示。

（2）ND 控制部分。

① 数据库显示按钮：共有五个带灯按钮，按下，灯亮。按压这些按钮可使以下附加信息显示在 ND 上，这些附加信息不在飞行计划之列，但在导航数据库和显示范围内，可单选、多选或不选。按 ARPT 钮、NDB 钮、VOR/DME 钮、WPT 钮和 CSTR 钮，分别显示机场、NDB 台、VOR/DME 台、航路点和航路点的限制数据。

② 显示方式选择旋钮：选择 ND 的显示格式。

③ 显示范围选择旋钮：选择 ND 的显示范围。

④ ADF/VOR 旋转转换电门：选择方位指针相应的导航信息源。

3）EFIS 转换板

如图 1.16 所示，用于选择来自大气数据计算机（DMC）的信号源、PDF/ND 显示互换、和显示器亮度调节，正、副驾驶各一套。

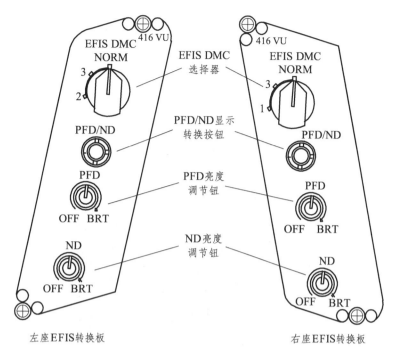

左座EFIS转换板   右座EFIS转换板

图 1.16　EFIS 转换板

2. ECAM 的控制和显示

1）ECAM 的显示

（1）发动机及警告显示器 E/WD。

E/WD 分为两个区，上部区显示发动机的主要参数、燃油量、缝翼和襟翼位置；下部区用于显示警告、警戒和备忘录信息，如图 1.17 所示。

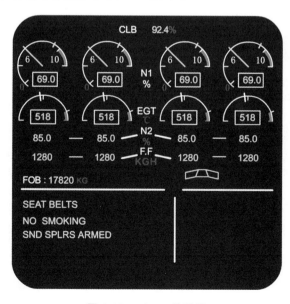

图 1.17　E/WD 的显示

备忘录区分左、右两个。起飞或着陆备忘录、正常备忘录、独立或主要的失效信息以及要采取的措施显示在左备忘录区，正常备忘录和次要的失效信息显示在右备忘录区。

（2）系统显示器 SD。

系统 SD 也分为两个区，上部区显示系统页面或状态页面；下部区为永久性数据显示。系统或状态页面在相应的系统发生故障或失效后，会在 SD 上自动显示，如图 1.18 所示。

巡航页面显示飞行中要监控的主要系统参数，只能在飞行中自动显示。状态页面是飞机状态的总览。SD 的所有页面下部都是永久性数据，如总温 TAT、静温 SAT、全重 GW、重心 GWCG 等。

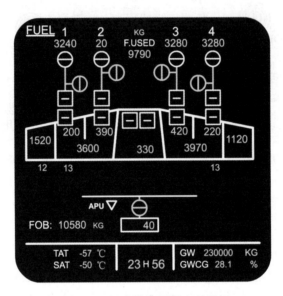

图 1.18 SD（燃油页面）的显示

2）ECAM 的控制

ECAM 的控制包括控制板和转换板，如图 1.19 和图 1.20 所示。

（1）ECAM 控制板。

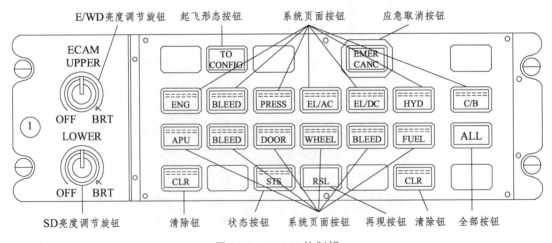

图 1.19 ECAM 控制板

① 系统页面按钮。有 13 个系统页面按钮，用于仍选择 SD 的显示页面，分别为 ENG（发动机次要参数）、BLEED（引气）、PRESS（座舱增压）、EL/AC（交流电源）、EL/DC（直流电源）、HYD（液压）、C/B（跳开关状态）、APU（辅助动力装置）、COND（空调）、DOOR（门与氧气）、WHEEL（起落架、机轮、刹车）、F/CTL（飞行操纵）和 FUEL（燃油）。

② 起飞形态（TO XONFIG）按钮：用于检查起飞形态。如果形态正确，E/WD 上显示"TO.CONFIG NORMAL"。

③ 应急取消（EMER CANCEL）按钮：用于取消警告和警戒的音响信息。

④ 清除（CLR）按钮：用来清除显示在 E/WD 下部的警告和警戒信息。当 SD 上出现非正常系统页面显示时，按压该钮，可使该页面消失，恢复到先前显示的页面。

⑤ 状态（STS）按钮：用于调出 SD 上的状态页。若没有状态信息，"NORMAL"字符在 SD 上显示 5s。

⑥ 再现（RCL）按钮：用来再现被 CLR 按钮或飞行阶段自动抑制的警告或警戒信息。若没有警告或警戒信息，"NORMAL"字符在 E/WD 上显示 5 s。

⑦ 全部（ALL）按钮：按下并保持该按钮，13 个系统页面以 1 s 的间隔依次在 SD 上显示。此时，若需要显示某一页面，只需在显示该页面时，松开按钮即可。

（2）ECAM 转换板。

① ECAM DMC 选择器：用于选择 ECAM DMC。在 AUTO 位，只有 ECAM DMC3 工作，ECAM DMC3 失效时，ECAM DMC1 自动接替。在 1、2、3 位，所选的 ECAM DMC 工作，但没有自动接替能力。

② ECAM/ND 选择器：用于使 ECAM 信息在左座或右座的 ND 上显示。

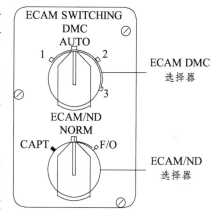

图 1.20 ECAM 转换板

1.2 操纵系统

操纵系统包括飞机姿态和结构操纵系统、发动机操纵系统、电气电子设备开关等。

1.2.1 飞机姿态与结构操纵系统

（1）驾驶杆/盘：操纵升降舵和副翼偏转，分别控制飞机的俯仰和倾斜角。驾驶杆左手柄上有升降舵配平片操纵拇指轮和自动驾驶仪脱开电门，控制升降舵配平片的偏转与断开自动驾驶仪，如图 7.4 所示。

（2）方向舵脚蹬。空中蹬舵控制方向舵偏转，使机头转动。在地面滑行中，左右蹬舵使方向舵和前轮偏转，向下踩使主轮刹车，可以单边刹车。

（3）襟翼位置、起落架收放和停留刹车控制手柄。

1.2.2　发动机操纵与电气电子设备开关系统

小型活塞式发动机的操纵系统中有三个主要操纵杆，它们通常安装在一起，从左到右依次是控制进气压力的油门杆，颜色为黑色；控制螺旋桨桨距的变距杆，为蓝色，无人工变距的螺旋桨飞机无此操纵杆；控制燃油与空气比例的混合比杆，为红色，如图 1.21 所示。

图 1.21　小型活塞式发动机主要操纵杆

有自动油门系统的油门杆上有自动油门脱开电门和复飞电门。脱开电门用来在空中或地面人工脱开自动油门。飞机在进近着陆过程中，如果自动油门方式预位，当需要复飞时，按压复飞电门，自动油门会转换到复飞方式。

另外在仪表板上有用于发动机起动点火的磁电机开关（活塞式发动机）、点火电门与起动手柄（燃气涡轮发动机）以及燃油泵开关。每台发动机一般配有两套点火装置，所以，每个磁电机开关有"L（左）""R（右）""BOTH（双）"和"OFF（关）"位。

开关系统有

（1）发电机、电瓶和电子设备开关。

（2）断路器和跳开关。断路器用于电路负载过高而过热时保护线路。如果电路出故障，断路器开关会跳出。跳出的断路器只能按压复位一次。

（3）灯光和加热设备开关：包括飞机外部的航行灯、滑行灯、频闪灯、防撞灯和着陆灯开关，内部驾驶舱和仪表照明开关，用于防冰、除冰的加热设备开关。

第 2 章　地面运行

一次完整的飞行任务包括飞行前的准备，起飞前的地面操纵与检查，起飞、空中飞行、着陆，着陆后的地面操纵与检查，以及飞行后的讲评等阶段，除起飞、空中飞行和着陆外，其余为地面运行阶段。

飞行前的准备包括平时准备、飞行前准备和直接准备。平时准备包括航图和航行资料的收集和校对、地图作业和航线研究等；飞行前的准备包括选择航线、制定飞行计划和领航计划、制定特殊情况处理预案以及准备飞行所需的各种资料和文件；直接准备包括领取气象报告单和研究天气是否适合本次飞行、领航计算、办理离场手续、驾驶舱内部和飞机外部检查以及进行重力和平衡计算。

本章以小型活塞式发动机飞机为例重点讲解开车前的驾驶舱和飞机外部检查、启动发动机、启动后的仪表检查和设置、滑行，以及着陆后滑行至停机位执行关车程序，这些检查和操作要按各机型的操作手册执行，并在完成规定项目后对照检查单检查。

2.1　跑道、滑行道、停机坪

机场的跑道直接供飞机起飞着陆用，是机场最重要的组成部分；滑行道使航空器安全而迅速地进行地面活动；机坪用于供停机飞机停放和进行各种业务活动。如何正确使用它们对保证航空器安全有重要意义。

2.1.1　跑　道

（1）跑道号码标志。

跑道号码标志设置在跑道入口处，表明相关道面是跑道并显示具体的跑道号码。跑道号码标志由两位数字组成，这两位数从进近方向看是最接近于跑道磁方位角度数的十分之一的整数。

（2）跑道道肩。

跑道道肩的强度满足在飞机滑出跑道的情况下能够支承该飞机，不致引起飞机的结构损坏，并能支承可能在道肩上运行的地面车辆。基准代码为 D 或 E 的跑道，其宽度小于 60 m 的和基准代码为 F 的跑道，设置有跑道道肩。道肩与跑道相接处的表面与跑道表面齐平，其横坡不大于 2.5%。

（3）跑道调头坪。

当跑道端未设置滑行道或滑行道的调头点时，通常设置有跑道调头坪以便飞机进行 180°

的转弯。跑道调头坪既可位于跑道的左侧，也可位于跑道的右侧，在跑道的两端以及必要时在某些中间位置与跑道的道面连接，设置中间位置调头坪。跑道调头坪与跑道之间的交角不超过 30°。

2.1.2 滑行道

滑行道包括飞行区的进口滑行道、旁通滑行道、出口滑行道、平行滑行道、联络滑行道等，还包括站坪及货机坪等机坪上的机坪滑行道和机位滑行通道两种。机坪滑行道指设在机坪边缘，供飞机穿越机坪用的通道。机位滑行通道指从机坪滑行道通往飞机停机位或其他航站地区的通道。

2.1.3 机 坪

（1）机坪的坡度。

包括停机位滑行通道在内的机坪设计有坡度以防止机坪表面积水，但在排水要求许可下其尽量保持平坦。在停机位上的最大坡度不大于 1%，通常为 0.4% ~ 0.8%。因为停机坪坡度的存在，驾驶员在机坪上即使关车后也要注意飞机意外滑动。

（2）停机位上的净距。

停机位对使用它的航空器与任何邻近的建筑物、另一机位上的航空器和其他物体之间提供最小净距。当基准代字为 D、E 或 F，如特殊情况许可，机头向内停放时，这个净距可以在以下位置减小：① 旅客航站（包括任何固定的旅客登机桥）与机头之间；② 提供有由目视停靠引导系统的方位引导的机位上的任何部分。

2.1.4 机位引入线

机位引入线分为 A 型引入线、B 型引入线、C 型引入线、D 型引入线四类，机组应使用统一的滑行方法沿这四类机位引入线滑行，滑行方法与在滑行道上的滑行方法不同。应使用过线转弯的滑行方法，使飞机的中心处于进位线上，同时应严格遵守地面指挥员的指挥。

2.2 起飞前的地面操作

2.2.1 驾驶舱预先准备

检查前，先确认磁电机关闭并取下钥匙，设置好停留刹车，执行以下内容：

（1）查看机务放行单和维护记录，发动机小时计是否与记录一致；

（2）查看灭火瓶和应急定位发射机（ELT）等应急和安全设备；

（3）检查执行飞行任务需要携带的文件（飞行文件、个人文件和相关运行文件）是否齐全，并放在指定位置；

（4）完成重力与平衡计算，并填写重力/平衡表；

（5）取下舵面锁，放在指定位置；

（6）驾驶舱设备检查，主要检查飞机各仪表、电路、电气设备是否正常，各种手柄及开关是否在规定位置；

（7）收听气象和航行情报通播。

以上项目完成后执行座舱检查单。

2.2.2　飞机外部检查

首先移除系留及轮挡，并观察飞机停放的地面有无掉落的零部件、渗漏的燃油或滑油。按规定的线路执行以下内容：

（1）从左右机翼和机身的放油口放出燃油样本，检查燃油有无水、沉淀物以及燃油的等级是否正确；

（2）检查机身、机翼和尾翼的外表有无污染、变形和损坏，天线状态是否良好，风挡是否清洁，行李舱门是否关好，舵面有无变形和卡阻，燃油量和滑油量是否符合要求，放油活门有无漏油，进气口、空气滤、静压口、油箱通气口有无堵塞，取下空速管套放在指定位置；

（3）检查前、主起落架减振支柱是否在正常位置，轮胎的老化和磨损情况以及胎压是否符合要求，检查刹车管有无泄漏或裂缝、刹车盘有无裂缝以及刹车垫厚度是否正常；

（4）检查螺旋桨和整流罩是否完好。

（以上操作只作为相关知识了解，在模拟练习中省略。）

2.2.3　启动发动机

1. 发动机启动前

在发动机启动前还要对驾驶舱的各系统进行检查和设置。

（1）调整好座椅并系好安全带，关好舱门；

（2）磁电机、电子设备、灯光、系统电门（电动燃油泵、空速管加温）关闭；

（3）断路器全部按入，设置好停留刹车；

（4）燃油关断活门开，燃油选择活门 BOTH 位；

（5）油门杆在最利于发动机爆发的位置，变距杆最前位（最小桨距，利于螺旋桨加速），混合比杆关断位；

（6）备用电瓶（BATT）测试、预位，发动机指示系统指示正常，电压值正常，备用电瓶（BATT）电流指示放电，有使用备用电瓶警戒"STBY BATT"；

（7）开主电门（ALT）和电瓶电门（BAT）；

（8）获得开车许可后，开防撞灯。

以上项目完成后执行开车前检查单。

2. 发动机启动

确保发动机/螺旋桨区域没有人或障碍物，设置停留刹，喊启动口令并打手势，踩住脚蹬刹车，然后执行启动程序。冷发动机启动开磁电机前，须执行注油程序。

发动机启动后，如果在规定时间内无滑油压力，立即执行关车程序。

3. 发动机启动后

发动机启动后，需要对发动机及电气仪表、指示器进行检查，确认指示正常，并对飞行、通信和导航仪表进行设置。

（1）电流、电压表指示正常，发动机参数无告警信息。

（2）开电子设备电门和航行灯。

（3）升降舵配平和襟翼在起飞位。

（4）设置预选航向（通常为起飞跑道方向），调气压式高度表基准面气压，设置预选高度和起始高度（综合仪表），设置预选速度，如 V_R，V_X，V_G，V_Y（综合仪表）。

（5）在音频控制面板上选择音频信号源，选择导航源，调无线电导航仪表，调谐无线电通信和导航频率并调整好音量，设置应答机编码。

（6）选择飞行计划（综合仪表）。

（7）离场/起飞简令。由操纵飞机的飞行员拟定并口述，全体机组成员听讲，包括使用跑道、关键速度、离场程序及管制部门的特殊要求、通信/导航频率和应答机编码以及特殊情况处理等。

以上项目完成后，执行开车后检查单。

2.2.4　滑行操作程序

滑行阶段应该当作飞行关键阶段来对待，机组必须清楚地了解机场的各种标志、标志和灯光。滑行前可以优化操作程序以减小滑行阶段的工作负荷，例如推出之前完成起飞性能的分析输入、相应的检查单和机长迎客广播。滑行中，安排一名机组成员对照机场平面图严格监视飞机的位置。

取得滑行许可后，向滑行区域作扇形观察，确认无障碍，开滑行灯。踩住刹车踏板，解除停留刹车，然后松开刹车踏板。柔和加油门至预定转速，飞机开始滑动，起滑后加速至一定大小，再适当收小油门，使飞机匀速滑行。对飞机滑行的要求：飞机起滑平稳，滑行中速度和方向能有效控制，在油门收完时能迅速停在预定的位置。在滑行过程中，应沿预定路线滑行，视线随飞机运动向前移动，最大滑行速度不超过管制规定。

刚开始滑行时，应检查刹车状况，在收小油门的同时柔和踩下刹车。滑行中检查驾驶杆和脚蹬无卡阻，行程不受阻挡；驾驶杆上的手轮和按钮完好。

直线匀速滑行时，如果要加速，前推油门杆增大进气压力，使拉（推）力大于阻力，飞机加速滑行，当接近预定速度时，将油门杆收至原来位置；同理，如果减速，则后收油门杆减小进气压力，当减至预定速度时，将油门杆推至原来位置。

如果直线滑行中飞机受扰动发生偏转，应先制止，后修正。

操纵飞机转弯可以使用蹬舵偏转前轮、方向舵，或使用单刹车的方法。向转弯方向蹬舵或单刹车，飞机转弯，接近预定方向时，回舵或松刹车，必要时蹬反舵改出转弯，飞机转到预定方向直线滑行或停止。

滑行中，完成滑行操作项目，执行滑行检查单。

相关知识：

飞机在滑行中受到的力有重力（G）、拉（推）力（P）、机轮摩擦力（f）、地面支持力（N）、升力（L）和气动阻力（F），其中在垂直方向上的重力、升力和地面支持力处于平衡状态，则讨论飞机的滑行要分析的是水平方向上的受力。飞机在滑行中速度很小，升力和气动阻力可忽略不计，因此可以认为，飞机的滑行运动状态取决于拉（推）力和机轮摩擦力。

1. 直线滑行

根据力学原理，可以认为飞机在滑行中受到的摩擦力保持不变，因此，要使飞机匀速滑行，拉（推）力应等于摩擦力。要加大滑行速度，应柔和加大油门，使拉（推）力大于摩擦力，飞机获得加速度，接近预定速度时，收小油门，使拉（推）力等于摩擦力；同理，要使飞机减速滑行，应收小油门，接近预定速度时，应适当增加油门，如图 2.1 所示滑行减速时，也可以使用刹车，但为了减小刹车磨损，尽量少使用，不使用刹车时，应将脚后跟放在地板上，前脚掌放在脚蹬板的下部。

图 2.1　直线滑行

飞机由静止起滑，拉（推）力必须大于最大静摩擦力。开始滑行后，由于动摩擦力小于最大静摩擦力，此时应稍收小油门，以免飞机加速过快，达到预定滑行速度时，拉（推）力与阻力平衡，飞机匀速滑行。

直线滑行中，当飞机受扰动偏转时，机轮上会产生侧向摩擦力。对前三点式飞机，前轮的侧向摩擦力对重心形成加速偏转的不稳定力矩，主轮的侧向摩擦力对重心形成制止偏转的稳定力矩，而主轮受到的侧向摩擦力大于前轮，因此，前三点式飞机在滑行中具有方向稳定性。后三点式飞机在滑行中，主轮受到的侧向摩擦力大于尾轮，因此在滑行中具有方向不稳定性，为保持方向，应包紧杆，利用升降舵产生向下的空气动力，增大尾轮上的侧向摩擦力，以保持方向稳定性。如果在直线滑行中不能依靠飞机本事的稳定性保持方向，则使用向偏转反方向蹬舵或单刹车的方法制止偏转。

2. 滑行转弯

在滑行中操纵飞机转弯可以使用蹬舵偏转前轮、方向舵，或使用单刹车。

（1）偏转前轮。

在正常滑行速度下，因速度小，可以忽略方向舵上的气动力，对前轮可以偏转的前三点式飞机的滑行转弯，主要通过脚蹬控制前轮的偏转来实现。

飞行员蹬舵操纵前轮偏转，使前轮产生侧向摩擦力（f_1），由前面分析可知，此摩擦力对重心形成加速偏转的不稳定力矩，使飞机加速偏转。机头偏离运动方向后，主轮和飞机仍有向前运动的趋势，使主轮也产生同方向的侧向摩擦力（f_2），对重心形成阻止飞机偏转的力矩，摩擦力的合力就是飞机转弯的向心力，如图 2.2 所示。

图 2.2　滑行转弯

刚进入转弯时，转弯力矩大于阻转力矩，飞机加速转弯。随着转弯半径的减小，转弯力矩减小，阻转力矩增大，当两者相等时，飞机进入稳定转弯。

改出转弯时，向转弯反方向蹬舵，前轮偏转角减小，转弯力矩减小，角速度减小，转弯半径逐渐增大，阻转力矩也随之减小，直到退出转弯，前轮偏转角、转弯力矩、阻转力矩以及转弯角速度均为零。

（2）使用单刹车或偏转舵面。

对前轮不能偏转的前三点式飞机或后三点式飞机，在转弯一侧单刹车或向转弯方向蹬舵，增大的滚动摩擦力和刹车力或方向舵偏转产生的侧力对飞机重心形成转弯力矩。飞机偏转后，由于重心仍有保持原来运动方向的趋势，机轮上会产生转弯方向的侧向摩擦力，重心前的机轮摩擦力对重心形成转弯力矩，而重心后的机轮摩擦力形成阻转力矩。

刹车或蹬舵力消失后，转弯力矩减小，阻转力矩大于转弯力矩，转弯角速度减小，阻转力矩也随之减小，直至退出转弯。

以上两种方法可以组合使用，需要注意的是，使用单刹车转弯时，速度越大，转弯半径越小，内侧主轮承受的载荷越大，易损坏，因此，不要使用单刹车进行大速度小半径转弯。飞机滑行速度越慢，气动效果越差，所以，在采用偏转舵面的方法转弯时，飞机滑行速度越慢，蹬舵量越大。

2.2.5　试　车

将飞机滑到试车区域迎风停放（便于散热），设置好停留刹车并踩住刹车踏板，检查滑油温度达到绿区后，可以进行试车。试车内容包括磁电机单、双磁试验，检查真空度表、发动机仪表（燃油流量、滑油温度/压力、排气温度和气缸头温度）电流表和电压表指示，慢车贫富油检查并设置混合比在适当位置（防止长时间小功率积炭，需设置少贫油）。

2.2.6 起飞前

夜间飞行注意灯光系统的使用：进跑道前打开频闪灯，起飞前开滑行灯和着陆灯；检查舱门和侧窗关闭并锁好，机组及乘客安全带系好；设置混合比在适当位置（根据起飞的密度高度设置贫富油），变距杆最前。以上项目完成后，执行起飞前检查单。

2.3 着陆脱离跑道后

设置油门和混合比到适当位置，关频闪灯、着陆灯和空速管加温，收襟翼，执行着陆后（关车前）检查单。滑至停机位后，执行以下内容：

（1）设置停留刹车，关航行灯和滑行灯，与空管（ATC）脱波；

（2）关闭电子设备电门；

（3）烧电嘴，进行磁电机关断试验；

（4）关断混合比，螺旋桨停转后关磁电机并取下钥匙，上舵面锁；

（5）关防撞灯和备用电源（BATT）；

（6）关总电门（ALT、BAT），将燃油选择开关放置适当位置（左或右）。

以上项目完成后，执行停机（关车后）检查单。最后设置飞机系留和填写飞行记录。

相关知识：

1. 滑行准备检查单

（1）如必要，写下滑行路线指令。

（2）指定一名机组成员按照机场平面图逐步对照。

（3）遵守公司 SOP 中滑行和起飞时灯光的使用 —— 滑行时外部灯光；起飞时尽可能使用全部灯光。

（4）滑行阶段，遵守静默驾驶舱原则。

（5）不要参考 RVR 来滑行，要求的滑行能见度可能会小于 RVR。

（6）注意强制信号、标志、停止灯和跑道灯。

（7）观察目视设备，如滑行位置信息和到达信号等。

（8）安排一名机组成员观察和报告信号和标志，并按照机场平面图保持飞机的位置。

（9）飞机停住时执行起飞前检查单。

（10）使用标准的无线电用语。

（11）收到明确的许可后，方可穿越跑道。

（12）使用正确的语句复诵穿越跑道或者等待许可。

（13）不要因 ATC 或者公司催促，而贸然滑行。

（14）监听发给其他飞机的指令。

（15）除非特殊许可（如灯罩原因或者飞机不能控制等），不得穿越红色的停止灯。

（16）进入或者穿越跑道前，检查活动飞机。

（17）穿越跑道中，不得执行检查单。

（18）在境外一些国家运行时，确保正确理解了非标准的"进跑道等待和跑道外等待"等含义和重要区别，仔细听清楚指令，不能确定时需再次核实。

2. 滑行最佳准则

只有一个飞行员能控制飞机滑行并且他的主要任务是安全滑行飞机。监控飞机的飞行员按照滑行指令和机场平面图向操纵飞机的飞行员提供协助。当穿越和进入跑道时，不得执行检查单或进行其他事项。一个机组成员应该密切监视跑道活动情况。

当进入跑道和穿越跑道时，禁止穿越红色的停止排灯（特殊情况除外）。

当进入跑道时，使用所有可用的监视方法检查活动飞机（左和右），例如所有成员目视，打开 TCAS（低能见度时）。当许可进入跑道或穿越跑道时，为更容易观察到其他飞机活动，如果需要，可以使飞机和跑道保持一个右交叉。飞行员应按照恰当的速度滑行，同时监控附近其他航空器。

当许可滑到跑道上的某点，这必定同时包含进入或穿越跑道的授权。没有 ATC 的许可，绝对不能进入或穿越跑道。滑行中应该遵守静默驾驶舱的原则。机组必须专注于各自的职责分工，不得做与飞行无关的事情。客舱机组应该避免无谓地打扰驾驶舱。

机组应合理使用飞机的外部灯光，以便管制员和其他飞机识别。只要飞机移动，就必须打开航行灯和滑行灯；当许可起飞，就必须打开着陆灯。检查调整无线电的音量是否合适，尤其是在更换频率后。在着陆后脱离跑道完成前，机组必须保持监听恰当的频率。

着陆后尽快脱离跑道。除非管制许可，不能转入另一跑道。当飞机完全脱离跑道后，机组方可停住飞机，明确 ATC 指令、位置及滑行路线。任何时候，机组不能确定飞机的位置，应立即停住飞机，报告管制，力求澄清。如必要，申请逐步的滑行指令。除非管制指令或特殊情况，飞机不得停在跑道上。

2.4   通用航空单人制机组地面运行

2.4.1   滑行计划

周密的滑行计划对于安全运行是至关重要的。飞行员应该像计划飞行其他阶段一样，去周密地规划机场地面运行。规划滑行操作应该是飞行员飞行计划过程中的一个整体部分，并且通过两方面去完成：熟悉相关项目及执行操作简令。

（1）熟悉项目。机场条件及运行信息在不断变化，飞行员应该关注相关规章及信息来源是否有所变化。飞行员同时应该对本咨询通告及其他相关材料有所熟悉。

① 机场的标志及灯光在不断地更新，飞行员应该确保对此更新有所了解。同时机场灯光

系统有所改变时，飞行机组应该明白相应灯光代表的含义。

② 如果没有清晰的管制员指令，不要穿越任何跑道等待线或仪表着陆系统关键区域。

③ 熟悉当前的机场航行通告，以及航站自动服务广播中关于机场跑道或滑行道关闭信息与其他的机场特殊风险；管制员拥有关于跑道及滑行道运行状态的最新信息。如果通告或通播显示某跑道/滑行道处于关闭状态，但得到了使用该跑道/滑行道的指令，应首先向管制员确认后方可执行指令。

④ 熟悉当前的机场图及热点信息，如若方便，使用公布的标准滑行路线文字概述，便于形成整体的滑行规划。避免潜在区域的跑道入侵情况发生。

（2）执行简令。机组成员熟悉并且执行滑行操作简令对于飞行安全至关重要。飞行员执行简令时应该包括以下内容。

① 飞行员应该简述航空器检查单的执行时机，与管制员的通话时机，执行该通话时不应影响到飞行员整个滑行活动。在简述这些内容时，应该考虑到滑行预期时间、机场热点、复杂交叉点、跑道交叉口及滑行路线的能见度。若有可能，飞行员应该仅在航空器停止时或无复杂交叉口滑行道直行前进时，执行检查单。

② 提醒所有驾驶舱成员在滑行时保持静默的重要性，但是若发现冲突隐患，鼓励任何人及时提出来。

③ 简述所有飞行员在滑行操作时应严格执行的机场图及程序。

④ 简述预期滑行路线中包含的任何等待线、需穿越的跑道、热点及其他冲突隐患。一旦获得滑行指令，飞行员应熟悉并监控滑行路线；飞行员应该使用最新的机场图用于离场、进场及备用机场。

⑤ 飞行员必须熟悉特殊程序及飞行技术并不断丰富相关经验，尽管这些未必会每天使用；当建立了预期的滑行计划，但是却收到并确认了管制员另一不同的指令时，飞行员必须严格执行实际收到的指令，而不是预期设定的路线。

⑥ 熟悉明确滑行路线中的关键位置（如热点地区/复杂交叉点、穿越或进入正在使用的跑道），在这些关键地点操作时必须增强警惕性，避免跑道入侵。

⑦ 在初始滑行前，尽可能完成相关的检查单（如设定襟翼、配平，输入最终载重平衡数据，设定 FMS、GPS 数据，等），使人员和飞机设备都处于准备好状态。另外，着陆后不应进行任何无关操作直到整个飞机脱离跑道。

⑧ 执行完落地后程序后，联系地面管制员获取滑行指令并复诵，熟悉机场图，并监控滑行过程；应在飞机完全跨越跑道等待线后，按照公司的运行程序执行落地后项目，然后联系管制员获取滑行指令。

⑨ 在低能见度条件下运行时，预先熟悉相关要求和注意事项，例如低能见滑行程序。

⑩ 滑行时飞机上的每位成员都应该关闭手机及其他电子设备，避免任何干扰。

2.4.2　记录滑行指令

用笔记录滑行指令，可以为复诵管制指令、确定滑行路线以及增强机组情境意识提供帮助；可以减少对滑行指令的误解或遗漏，避免地面冲突或跑道入侵事件发生。记录滑行指令需要技巧、常识以及灵活性，例如，起飞跑道距停机坪较近，或对滑行路线已经非常熟悉，只需记录滑行指令的关键部分即可。当滑行指令比较复杂或飞行员对机场布局较陌生时，需要对所有指令详细记录。另外，飞行员可以选取某些速记符号，帮助他们精确记录并回忆指令的关键部分。

2.4.3 无线电通话

无线电是飞行员和管制员沟通的主要方式，管制员会使用标准术语发布指令并且要求飞行员复诵，以确保他们明确指令。当飞行员不明确管制员指令时，应主动与管制员核实。飞行员复诵时应使用标准术语，包括航空器的呼号或注册号。飞行员与管制员通话时应注意以下内容：

（1）全程使用专业术语，确保管制员与飞行员通话的清晰性和简洁性。注意确保对异地口音、术语及标准程序的正确理解。

（2）在与塔台或地面管制员建立初始联系时，无论是否于之前的管制员报告航空器的位置，应该重新报告航空器呼号、位置及机组意图。

（3）集中注意力在管制员指令上，飞行员在与管制员通话时不应该执行其他不相关的任务。飞行员可以培养一种时刻提醒他们关键事项的技巧，如在仪表盘上放些提醒物，或者把它们挂在磁罗盘、驾驶盘上。

（4）飞行员应该清晰复诵所有的关键指令，避免使用"收到""明白"等含糊词汇。

（5）飞行员必须积极监听塔台或地面管制频率，如有备用无线电设备，并且没有其他通话要求，该无线电设备应该设定在指定频率作为备用，避免麦克风堵塞或通话失效。

（6）复诵所有起飞或着陆指令，包括航空器呼号、指定跑道或者起飞道口。

2.4.4 滑 行

滑行期间飞行员应该养成良好的操作习惯。

（1）滑行前，飞行员应该准备好最新的机场图，熟悉滑行路线，明确滑行线路附近的热点。航空器上的磁罗盘或航向仪对于目视定位导航、核实正确跑道或滑行道提供非常好的辅助，尤其是在复杂的交叉点及两条距离较近的跑道上运行时，飞行员应该尽量将磁罗盘或航向仪信息作为参考。

（2）在滑行前，飞行员应该完成所有的滑行前检查单及导航数据的输入工作，这样可以在滑行时保持高度警惕，避免注意力分散。当接近跑道入口时，飞行员必须明确他们获得的指令，是在跑道外等待，还是穿越跑道或者进入跑道。如果有任何疑虑，飞行员必须马上与管制员核实指令。

（3）在有塔台的机场滑行时，飞行员应清楚塔台可能随时失去通信能力，为了确保不遗漏任何塔台指令，当滑行时或者进入跑道等待时，飞行员必须监听相关频率并且扫视塔台。

（4）低能见度会增加跑道入侵的概率。在低能见度条件下滑行时，飞行员必须利用所有可利用的资源。这些资源包括机场图、航向仪、机场标志及灯光。这些资源能帮助飞行员在既定滑行路线上滑行，在未获得指令前不要穿越跑道等待线。

注：飞行员需要随时保持外部警惕和情境意识，只有在航空器停止时才能执行相关埋头

工作（如输入 FMS 和计算起飞数据等）。

（5）当飞行员迷航时，不要停在跑道上。脱离跑道后停住航空器并立即联系管制员。如果可以，请求滑行指引。

（6）当获得起飞、穿越跑道或脱离跑道指令后，应立即执行。在没有管制指令时，永远不要脱离跑道后进入另一跑道。当预计起飞或脱离跑道需延误时，应立即报告管制员。

（7）有些航空器驾驶舱会提供交通信息（如 TCAS，TIS），能够为航空器提供相关交通信息，进入跑道时应该打开这些系统，增强对五边进近航空器的警惕意识。

2.4.5　正确使用航空器外部灯光系统

在地面运行时使用航空器外部灯光系统会让航空器更易于辨认。飞行员使用外部不同的灯光组合，易于让其他航空器飞行员辨认其位置及意图。考虑到飞机设备的差异性，飞行员需注意不应该仅仅依靠航空器外部灯光的状态去判断其他航空器飞行员的意图。

考虑到航空器的设备、运行限制、操作程序，飞行员应该按照以下规则使用外部灯光。

（1）当发动机运转时，应打开防撞灯。

（2）在滑行前，打开航行灯、位置灯、防撞灯及航徽灯。开始滑行时，打开滑行灯。当航空器停止滑行时，关闭滑行灯。

（3）当穿越跑道时，应打开所有外部灯光。

（4）当进入跑道准备起飞或等待时，除了凸显飞机轮廓的着陆灯外，飞行员应该打开其他所有的灯光。如果频闪灯会给其他飞行员视觉带来负面影响，可以关闭频闪灯。

（5）夜间进入跑道等待时，进入跑道后考虑将航空器停在跑道中线的左边或右边（约 3 ft），这样可以使五边进近的飞行员能够目视区分跑道上等待的航空器和跑道灯光。

（6）当获得起飞指令，或者在无塔台机场开始起飞滑跑时，打开着陆灯。

2.5　无管制机场或塔台关闭机场的地面运行

2.5.1　概　要

有塔台管制机场的运行程序也适用于无塔台管制机场，以下程序对此做了补充。在没有塔台管制机场运行时，飞行员须增强警惕意识，无塔台管制机场的通话程序也与有塔台管制机场不同。在无塔台管制机场地面运行时，周密的规划、清晰的陆空通话及增强情境意识能够大大减少地面事故发生。本节重点讲述无塔台管制机场的地面滑行，咨询通告中的其他章节内容这里不再重复详解。

2.5.2　周密的计划

（1）规划无塔台管制机场滑行操作与规划有塔台管制机场滑行操作的是相似的。然而机组须谨记有些机场塔台并非全天候的。当在此类机场进场或离场时，机组必须明确塔台的工作状态，然后执行相关操作。如果不明确塔台的工作状态，机组应该尝试在塔台频率上联系管制员。

（2）除了在有塔台管制机场的相关程序外，飞行员在无塔台管制机场运行时还需考虑以下信息：

① 飞行员应熟悉当地机场起落航线的方向并核实起落航线高度。在无风条件下，飞行员须留意机场上可能多条跑道在运行。

② 航空器可能使用标准仪表程序进近至某跑道，而不是使用正在用于目视飞行规则的运行的跑道。仪表进近的跑道可能会与目视飞行的跑道相交，使用仪表进近程序的航空器也可能进近至用于起飞的跑道的相反的一端。

③ 确保熟悉滑行计划。

④ 在公共交通咨询频率上表达意图时须谨慎，并且监听机场上空其他正在运行的、离场的和进场的航空器。

2.5.3　情境意识

任何情况下保持情境意识都是非常重要的，尤其是在无塔台管制机场运行时保持情境意识更为重要。为了保持情境意识，飞行员应该熟悉既定的滑行路线，并且正确地按照既定路线滑行。由于没有管制员提供管制指引，抑或告诉飞行员哪里及什么时候应该停止，飞行员应该依靠视觉线索去保持情境意识及保持既定滑行路线，并配合机场图一起使用。这些视觉线索包括机场标志、等待线和灯光，这些线索在低能见度和夜晚操作时，更为有效。

2.5.4　陆空通话及航行数据

无塔台管制机场的陆空通话规则及航行数据与有塔台管制机场的不同。相关法规、航空信息手册、飞行训练项目及操作程序手册为飞行员提供了标准术语信息、陆空通话和数据要求。

飞行员需核实以下信息：

（1）获得了机场最新的航行数据，包括运行时间和塔台工作状态。

（2）有正确的机场公共交通咨询频率，飞行员在塔台关闭的机场运行时尤其需要注意，这些机场通常有不同的公共交通咨询频率和航空咨询站频率。

起飞时，飞行员应该在非必要情况下，绝不进入跑道并等待太长时间。在通话的开始和结尾报告机场的名字。在无塔台管制机场运行时，有些航空器可能没有无线电通信设备，飞行员应注意避让这些航空器。

2.6　管制环境下训练防跑道侵入

跑道侵入指在一个机场中，飞机、车辆或者人员不正确地出现在受保护的航空器着陆和起飞的道面区域。（跑道入侵并不是事故，它是可能导致事故的一种危险情况。）跑道入侵在某些时候导致了严重的人员死亡事故。这并不是一个新问题，但随着航空器数量和流量增加，航空器入侵事件呈增长的趋势。

飞行员、管制员和司机都可能涉及跑道侵入，数据分析表明在这些涉及跑道侵入的运行人员中，30%是司机，20%是空中交通管制员，50%是飞行员。飞行员因素导致了许多跑道侵入，包括没有正确理解和执行空中交通管制员的指令。这种情况经常导致通信不畅和缺乏情境意识，飞行员认为自己处在正确的位置，或者飞行员相信已收到进入跑道的指令了，但实际上相反。

2.6.1　导致跑道侵入的常见机组原因

（1）不正确的标牌和标志（特别是不容易看见和识别的跑道等待位置线）。

（2）飞机正在着陆后脱离跑道时，管制员发布指令（此时飞行员工作负荷和驾驶舱噪声都非常高）。

（3）飞行员埋头专注于驾驶舱某一仪表指示，降低了情景意识。

（4）飞行员迫于难以理解的指令或者地面标志等因素，采取了鲁莽的行为。

（5）复杂的带有跑道交叉的机场设计。

（6）不完善的，非标准的或者过时的滑行路线信息。

（7）滑行时 ATC 临时更改指令。

2.6.2　地面运行中增强情境意识

在地面运行中，情境意识很重要的是机组知道自己在哪里和去哪里。即使在昼间和好能见度情况下，机组也会迷失位置，更糟糕的情况是机组认为自己知道飞机的位置，但最后发现在别处。在黑暗或者低能见度条件下，需要特别关注导航精度，并且保持高度的情境意识。在开始进近前和推出开车前，做好如下情境意识检查单：

（1）获取所有需要的信息；

（2）简令中包括计划的主用跑道脱离和滑行路线；

（3）尽可能排除分散注意力的事情；

（4）准备好航图，随时可用。

2.6.3　飞行机组防止跑道侵入的建议措施

（1）除非特殊许可，当进入跑道或者穿越跑道时，飞行员永远不要穿越红色的停止灯。

（2）机组不应该接收通过与跑道夹角大于90°的滑行道进入或者穿越跑道的指令。

（3）当进入跑道等待超过预期的离场时间 90 s，机组应该联系 ATC 并告知在跑道上等待。

（4）当起飞或者允许着陆和进近时，机组应该打开着陆灯。

（5）当穿越跑道时，机组应该打开频闪灯。

（6）如果怀疑管制员的许可或者指令，执行许可或者指令前，必须立即向管制员证实。

（7）如果机组怀疑其飞机的位置，应该立即联系管制员和遵守相关的程序。

（8）机组必须保持"抬头"，持续外部观察。

（9）机组应该遵守"静默"驾驶舱原则。

2.6.4　防止跑道侵入检查程序

（1）严格遵守所有相关的规定和推荐的准则、程序和指导资料，包括用语。

（2）机组执行实际收到指令或许可，避免预期指令或许可的干扰。

（3）确保做好地面运行的周全计划，减少滑行期间的工作负荷。

（4）滑行中最优先的工作是确保情境意识。

（5）滑行中，像在其他飞行阶段一样运用机组资源管理。

（6）保守和留余地地滑行，即使单一的错误也不至于导致严重的事件或事故。

（7）牢记，从来没有什么是理所当然的！

第 3 章　空中飞行操纵

飞行程序的空中部分包括起飞、离场爬升、巡航、下降进场、进近和着陆，掌握好起飞、着陆和空中机动飞行的操纵技能是安全完成空中飞行程序的基础。空中飞行操纵是指通过控制飞机的主操纵面和辅助操纵面以改变飞机的外形和姿态，从而保持或改变飞机的运动轨迹，并相应调整发动机动力，以保持或改变飞行速度。

主操纵面有升降舵、方向舵和副翼。如图 3.1 所示，升降舵和方向舵分别位于水平尾翼与垂直尾翼后缘，控制飞机的俯仰姿态和机头偏转，副翼位于机翼翼尖后缘，控制飞机的侧倾姿态（坡度）。辅助操纵面有襟翼、缝翼、扰流板和各种配平片等。

图 3.1　飞机操纵面

与飞行操纵直接相关的仪表有姿态仪、侧滑仪、进气压力表和转速表。
本章讲解起飞和空中直线与曲线飞行，着陆操纵将在第 4 章详细讲解。

3.1　起　飞

空中交通管制（ATC）塔台可以允许飞机进跑道等待起飞，或先在跑道外等待点等待，然后进跑道立即起飞，因此，飞机可以在跑道外等待点，或进跑道后完成起飞前的检查和设置，并按检查单执行起飞前检查。此时应满足的条件有高度表应示机场标高、航向仪表指示跑道磁方向、无线电频率设置正确、航向游标和航道选择指针设置正确、升降舵配平与襟翼位置在起飞位、燃油泵打开、变距杆在最前、混合比杆位置适当（按起飞密度高度设置，由于起飞过程功率大、速度低，不利于散热，通常设置最大混合比以避免发动机温度过高）、无告警指示以及座椅位置有利于操纵等。

起飞过程分为场道阶段和航道阶段，场道阶段又分为三点式滑跑、抬前轮两点式滑跑（后三点式飞机抬尾轮）、离地、初始上升并在离地 50 ft 处加速到大于起飞安全速度 V_2；航道阶段为由小角度的初始上升转换为大角度上升，满足超障要求后改为快速上升、巡航上升到达指定的高度层。发动机由起飞和大角度上升的最大工作状态，变为额定工作状态和巡航工作状态。飞机由起飞构型转换为航线构型。

3.1.1 起飞滑跑

获得起飞许可后，对准跑道，执行起飞程序。松刹车（踩住刹车踏板，松停留刹车，然后双脚离开刹车踏板，脚后跟自然放在地板上，用脚掌控制方向舵），左手扶驾驶盘，右手柔和将油门加至起飞功率，飞机开始加速滑跑；或先加油门至发动机稳定工作转速，再松刹车，待滑跑方向稳定后，平稳地将油门推至起飞功率。右手推油门到位后不要离开油门杆，以保持对发动机的控制。

前三点式飞机的起飞滑跑分为三点式滑跑、抬前轮两点式滑跑和离地三个阶段。

在起飞滑跑的起始阶段，主要保证飞机沿跑道中线直线滑行（最优），或平行中线滑跑（尽量靠近中线），视线看跑道中线的尽头，操纵飞机对着中线尽头滑跑，如果方向偏离，用蹬舵修正。注意右旋螺旋桨飞机因反作用力矩和滑流，在滑跑中有左偏趋势，滑跑中应抵住右舵，左旋螺旋桨飞机则相反；无侧风时保持驾驶盘中立，有侧风时则须向上风方向压盘，保持机翼两边升力相等。

滑跑中观察跑道标志的同时，巡视空速和发动机转速，尤其是随着滑跑速度的增加，多注意空速表的变化，当速度达到 V_1（多发飞机起飞决断速度，单发飞机无意义）时，右手离开油门杆，双手扶驾驶杆，如果出现不利于飞行的情况，则收油门，使用减速装置中断起飞。速度达到 V_R，柔和向后带杆抬前轮，飞机保持一定仰角两点式滑跑，如图 3.2 所示，飞机继续增大到离地速度，升力稍大于重力，飞机离地（有些飞机在离地时，可稍增大仰角）。

图 3.2　抬前轮

相关知识：

舵面上的气动力随速度的增大而增大，因此，在起飞滑跑过程中用蹬舵修正方向，蹬舵量应随滑跑速度增大而减小。

飞机抬前轮的时机不能过早，也不要过晚。如果过早，会有下面不利影响：

（1）仰角增大，阻力增大，加速慢。

（2）因速度小，舵面效应小，拉杆量势必增加。

（3）导致飞机小速度离地，稳定性和操纵性较差。

（4）小速度升空后会因地面效应减弱或消失，飞机可能重新接地。

抬前轮过晚会延长起飞滑跑距离。

抬前轮的角度要适当。角度过小，升力系数小，离地速度大，滑跑距离增长；角度过大，飞机大迎角小速度离地，安全裕量小。仰角过大，还可能造成机尾擦地。

抬前轮时，飞机绕主轮转动，迎角增加，升力增加，升力对主轮形成的上仰力矩增加，而重力对主轮形成的下俯力矩，因力臂缩短而减小，飞机有自动上仰趋势，因此，前轮抬起后，应减小带杆力，观察姿态仪（或风挡参考点与天地线的相对位置），接近预定姿态时，向前稳杆，使飞机保持在预定的仰角。由于螺旋桨的进动，飞机抬前轮上仰时有右偏（右旋螺旋桨）或左偏（左旋螺旋桨）趋势。

飞机机轮上的摩擦力对重心形成下俯力矩，离地后，机轮摩擦力消失，下俯力矩减小，飞机有上仰趋势，应向前迎杆保持仰角，以免飞机减速甚至失速。

当飞机加减速和转弯时，姿态仪指示的俯仰角和倾斜角会出现误差。加速时，人工地平线下沉，指示的仰角偏大；减速时则相反。盘旋和倾斜时，俯仰和倾斜指示都有误差。飞机由起飞到加速上升的最初 1 min 内，会产生 2.5°～13.5° 的上仰误差，做 90° 转弯后，由于陀螺自转轴在空间的方向不变，这一误差会可变为倾斜误差。

3.1.2 起飞爬升

飞机离地后，保持好仰角。观察姿态仪，或外部天地线与驾驶舱内某参考位置的相对关系（目视判断），保持稳定的俯仰姿态。注意，由于飞机的加速使姿态仪指示的仰角比实际偏大，如果能见度使外部天地线可见，根据经验和目视判断仰角是很好的方法。

确认有正的上升率后，刹车收轮（有些飞机无起落架收放机构，则无此项操纵）以减小阻力，同时观察起落架指示灯，确认起落架收上并锁好。加速到规定值（大上升角速度）并上升到安全高度（由当地地形条件和飞机的上升性能决定）后，收上襟翼，进一步减小阻力，飞机由小角度上升转为大角度上升，如图3.3所示。另外，根据密度高度，参看排气温度表，设置混合比；关闭着陆灯（如果使用）。

飞机以起飞功率（最大上升角功率）爬升到超越障碍物高度后，根据环境要求（如避开噪声敏感区）和发动机性能，设置上升功率（最大上升率或正常上升率功率），即发动机由起飞功率减小为额定功率或正常功率，上升角减小，但飞行速度增大，上升率增大，可以使飞机尽快上升到预定高度。以螺旋桨飞机为例，操作：看进气压力表和转速表，收油门减小进气压力，收变距增大桨叶角减小转速，同时检查速度表以保证速度在正常范围，操纵量遵照飞机的操纵手册。对无人工变距的螺旋桨飞机，无进气压力表，油门大小与转速表对应。

完成构型转变（收起落架和襟翼）后，飞机在一定发动机功率和姿态下，速度继续增加到某一个值稳定下来，这时，可以调升降舵配平片以消除杆力。左手拇指打配平轮的同时，观察姿态仪和速度表、升降速度表，使消除杆力的同时，飞机稳定在预定的姿态。这是因为姿态仪与飞行操纵直接相关，上升性能则反映在速度表和升降速度表，飞机稳定上升时，速度应保存稳定，如果速度过大，则仰角过小，速度过小，则仰角过大，速度大于或小于最大上升率速度，上升率都会减小。姿态和速度稳定后，飞机匀速直线上升。

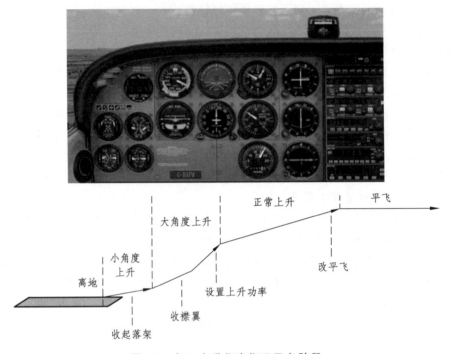

图 3.3　起飞上升仪表指示及各阶段

为满足超障要求，飞机起飞后一段时间保持航向上升，到达规定的转弯点或高度后再进行入航转弯。保持航向上升时，坡度和侧滑角为 0°。起飞爬升操纵中，要保持姿态稳定上升，即保持规定的俯仰角与坡度，使用交叉方式检查各仪表，确保飞机保持正确的姿态，交叉检查的顺序是，姿态—航向—姿态—速度—姿态—高度—升降速度，即看姿态仪、侧滑仪，确认无坡度和侧滑角，再看航向仪确认航向是否偏离，若有偏离，压盘修正（无侧滑，压盘坡度很小，无须蹬舵）；看姿态仪，保持俯仰角，再看速度表，通过调整俯仰角调整速度（起飞爬升阶段需要大角度或大上升率上升，使用最大功率或额定功率，只通过调整俯仰角使飞机保持陡升或快升速度，不调整油门）；看姿态仪确认飞机保持姿态，再看高度表确认飞行高度，扫视升降速度表确认升降速度是否适当。

相关知识：

为减小离地速度，缩短起飞滑跑距离，通常会放下一定角度的襟翼以增大升力系数，而襟翼放下会增大飞行阻力，不利于加速，并且收襟翼时，因升力系数减小，飞机会有下沉趋势，因此，飞机爬升到一个规定的安全高度，空速增加到大于某个规定值（该值使飞机在净形状态下有足够的升力），应收上襟翼以减小阻力。一些大型飞机，起飞时襟翼放下角度较大，需要分步收襟翼，而一些小飞机，零度襟翼起飞的离地速度就比较小，起飞滑跑距离短，可以不放襟翼起飞，这样既能减小滑跑阻力，加速更快（加速度大使滑跑距离缩短），又省去了收放襟翼的操作。

　　飞机离地后，保持一定的仰角，发动机以起飞功率使飞机加速到陡升速度，此时上升角最大；飞越障碍物后，可以减小仰角，使飞机增加到快升速度，上升率最大。发动机满功率工作时间一般不超过 5 min，到达规定的安全高度后，应将发动机的功率调至额定功率或正常爬升功率，额定功率用于大上升率上升，比最大功率小 10%～20%，使用时间不超过 1 h。有一些吸气式发动机飞机，设计为最大额定功率起飞，如 Cessna 172Q，建议在整个爬升阶段都使用最大功率。

3.1.3　上升到指定高度平飞

　　飞机爬升到指定高度后改平飞，速度由上升速度增加到巡航速度。操纵如下：上升后期，多注意高度表指示，在到达离预定高度 20～50 ft 时，柔和向前顶杆，观察姿态仪、速度表和升降速度表，飞机达到平飞姿态后（升降速度表指示 0），稳住杆，观察空速表（此时飞机加速），打好配平（随飞行速度增加仰角减小）消除杆力，当飞机加速至预定平飞速度前 5 kn 时，调整油门保持预定的平飞速度。

相关知识：

　　如图 3.4 所示，飞机在匀速直线上升中处于力的平衡状态，即

$$P = X + G_2 = X + G \cdot \sin \theta \qquad (3-1)$$
$$L = G_1 = G \cdot \cos \theta \qquad (3-2)$$

式中，P 为拉（推）力；L 为升力；X 为阻力；G_1 重力第一分力；G_2 为重力第二分力。

　　不难看出，直线上升中所需的升力随着上升角（θ）的减小而增大，上升角为 θ，即飞机平飞时，升力等于重力。飞机由上升转平飞时，前推驾驶杆，迎角减小，升力减小，重力与升力之差（作为向心力）使飞行轨迹向下弯曲，随着上升角减小，G_2 减小，迎角减小使 X 减小，虽然速度增加使气动阻力增大，但总阻力减小，因此所需拉（推）力减小，如果不减油门，飞行速度会增大。

图 3.4　起飞爬升

$$L = C_L 1/2 \cdot \rho V^2 \cdot S \qquad\qquad (3\text{-}3)$$

式中，C_L 为升力系数；ρ 为空气密度；V 为真空速；S 为机翼面积。

由升力公式（3-3）可知，升力的大小与速度的平方成正比，这就使得上升率的减小因空速的增加变得缓慢，因此，飞机由上升改平飞的同时又要增加速度时，应注意随速度的增大增加推杆力度，使飞机到达预定高度时，上升率为 0。平飞后速度继续增大，应继续推杆（可以配合打配平）减小仰角以保持平飞，直到速度达到预定值。

3.2 直线平飞

直线平飞须满足以下三个条件：

（1）垂直速度为 0，高度保持不变；

（2）坡度为 0°，即飞机不带倾斜，否则会使升力产生侧向的水平分量，成为转弯的向心力，飞行轨迹将发生弯曲；

（3）侧滑角为 0°，否则垂直尾翼上气动力之差会产生对飞机的偏转力矩。另外，上反角和后掠翼也会因侧滑造成机翼两边阻力不相等，形成偏转力矩。

3.2.1 匀速直线平飞

在给定的发动机功率和飞行姿态下，飞机保持匀速飞行。在匀速直线平飞状态下，如果气流平稳，只要打好了配平，无须杆力，操纵是最为轻松的，此时只需监控仪表 —— 高度表和航向仪是主要的监控仪表。如果有偏差，尽快修正，因为偏差越小，修正越容易。速度表、升降速度表和转弯协调仪是辅助监控仪表。

转弯协调仪上可以观察到航向改变趋势，用杆和舵修正倾斜和侧滑。

恒定的功率设置下，速度增加，意味着仰角过低，在升降速度表上会反映出高度下降趋势；速度减小，意味着仰角过大，高度有上升趋势。用杆修正俯仰角。

在轻、中度扰动气流中飞行，不要急于修正因颠簸造成的小的偏差，应稍用力握盘，抵舵，使舵面不自由偏转，选择适当的飞行速度，依靠飞机自身的稳定性保持飞行状态。

3.2.2 平飞加减速

飞机在一定高度直线平飞，可以根据需要调整平飞速度。

（1）加速操纵：增加发动机功率至预定位置，随速度的增大前推驾驶盘减小仰角，检查高度表和升降速度表，确认飞机保持平飞状态。

（2）减速操纵：减小发动机功率至预定位置，并随速度的减小后拉驾驶盘增大仰角，仪表的观察同加速操纵。

上述操纵要根据飞行手册进行。操纵过程中，如果引起高度变化，尽量不要超过 ±100 ft。完成加减速后，检查高度表，如果偏离原来高度，调整俯仰角修正，调整量应很小。对螺旋桨飞机，还要注意推拉杆和加减油门引起的螺旋桨副作用，操纵动作要柔和。

3.3 曲线飞行

在飞行过程中，因空中交通管制、航线结构、避让冲突或绕飞危险天气等原因，飞机需要改变航线或高度，或作盘旋等待，这些飞行可以分为在垂直剖面内上升、平飞和下降之间的转换，在水平面内转弯和盘旋，在垂直和水平面内作螺旋飞行，这些飞行操纵有一个共同点：改变飞机的姿态和调整发动机功率，使飞机作曲线飞行。

由力和运动的关系可知，要使物体做曲线运动，必须使物体在运动的垂直方向上受到力的作用。由飞行原理可知，飞机上升、平飞和下降之间的转换，或平飞转弯等曲线飞行，都是通过改变升力的大小或方向，使垂直于飞机运动方向的合力不为零，从而使飞机的运动轨迹发生弯曲，而改变升力的大小或方向，通常要改变飞机的姿态（可以不改变速度）。飞机的姿态和运动方式改变后，往往又会使受到的飞行阻力发生改变，这就需要通过调整发动机的功率来使拉（推）力与阻力重新达到平衡，使飞机在新的平衡状态下按预定轨迹飞行。

对于螺旋桨飞机，推拉驾驶杆改变俯仰姿态时，由于螺旋桨的进动作用会使机头向左或右偏转；蹬舵会引起飞机俯仰运动趋势；加减油门时，由于滑流和反作用力矩改变，会引起机头左右偏转和飞机倾斜。因此，操纵杆舵和油门时，动作要柔和，扫视姿态仪和侧滑仪，如果有不必要的倾斜和侧滑，用杆舵消除。

为简化飞行操纵的原理分析和讲解，使其便于读者理解，以下飞行状态的转换均假设速度不变，如果需要变速操纵，则从速度变化对升力和阻力的影响方面分析，本书不再赘述。

3.3.1 垂直剖面内的曲线飞行

1. 平飞改上升

平飞改上升是使飞机的运动轨迹由平飞直线向上弯曲，逐渐达到预定上升角（上升率）后变为上升直线，飞机最后呈匀速直线上升。

操纵方法：左手握稳驾驶杆，看进气压力表和转速表，右手加油门到预定位置，同时左手柔和后拉驾驶盘，扫视姿态仪、速度表和升降速度表，以保持飞行速度为准掌握拉杆力度，接近预定上升角（上升率）时，前推驾驶盘，打好配平，使飞机稳定在预定的上升角（上升率），必要时调整油门保持速度。

稳定上升过程中设定发动机功率的条件下，对飞机姿态的掌握主要监控速度表：速度减小，仰角过大；反之，则仰角过小。

2. 上升改平飞

上升改平飞是使飞机的运动轨迹由上升直线向下弯曲，逐渐变为平飞直线，飞机最后呈匀速直线平飞。

操纵方法：看高度表指示，在达到离预定高度约为上升率的 10% 时，左手柔和向前顶杆，看速度表，右手适当收小油门，以使飞机保持预定速度，检查升降速度表，待上升角（上升率）接近 0 时，适当后拉驾驶盘并打好配平，使上升角（上升率）保持在 0，检查速度表，必要时调整油门使飞机保持预定速度。

3. 平飞改下降

平飞改下降是使飞机的运动轨迹由平飞直线向下弯曲，逐渐达到预定下降角（下降率）后变为下降直线，飞机最后呈匀速直线下降，如图 3.5、图 3.6 所示。

操纵方法：左手柔和向前顶杆，看姿态仪和速度表，右手收小油门使飞机保持预定速度，检查升降速度表，待飞机接近预定下降角（下降率）时，后拉驾驶盘并打好配平，使飞机保持在预定的下降角（下降率），必要时调整油门保持飞行速度。

稳定下降过程中固定的发动机功率条件下，对飞机姿态的掌握主要监控速度表：速度减小，仰角过大；反之，则仰角过小。

4. 下降改平飞

下降改平飞是使飞机的运动轨迹由下降直线向上弯曲，逐渐变为平飞直线，最后飞机呈匀速直线平飞。

操纵方法：看高度表指示，在到达离预定高度约为下降率的 10% 时，看进气压力表和转速表，右手加油门到预定位置，看速度表和姿态仪，左手柔和向后带杆保持预定速度，检查升降速度表，待下降角（下降率）接近 0 时，适当前推驾驶盘并打好配平，使飞机到达预定高度保持平飞，必要时调整油门保持速度。

图 3.5　下降姿态

图 3.6　下降姿态指示

相关知识：

飞机在匀速直线飞行中，无论是上升、下降或平飞，都是处于力的平衡状态，即重力（G）、升力（L）、阻力（X）及拉（推）力（P）四力平衡。在平飞中，L等于G，而在匀速直线上升或下降中，L仅等于重力的第一分力（G_1），如图3.7所示。平飞、上升和下降的转换，是先打破重力与升力的平衡，使飞机的运动轨迹向上或向下弯曲，再调整姿态和拉（推）力，使飞机的运动进入另一种平衡状态。

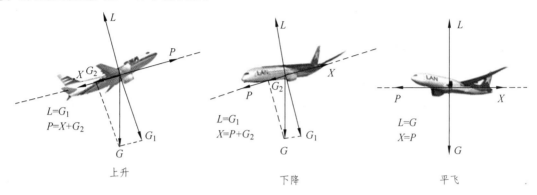

$L=G_1$
$P=X+G_2$
上升

$L=G_1$
$X=P+G_2$
下降

$L=G$
$X=P$
平飞

图 3.7　匀速直线飞行中的受力

在平飞改上升过程中，先增大P（加油门增加发动机功率），同时增大迎角（拉杆增大仰角），使X增大，以保持速度不变，迎角增大使L增大，L与G之差成为飞机运动轨迹向上弯曲的向心力，G_1随上升角的增大而减小，为使飞机在达到预定上升角后保持直线飞行，又需要减小L，使其与G_1平衡（消除向心力）；飞行轨迹向上弯曲的同时，沿飞行轨迹向后形成了重力的第二分力（G_2），使所需P增大，并且G_2随上升角（$\theta_上$）的增大而增大。因此，当飞机接近预定上升角时，应参考升降速度表减小迎角（推杆减小仰角），使L减小，直到稳定在预定上升角（上升率）；同时，调整P（油门），保持速度不变。

在上升改平飞过程中，先减小迎角（推杆减小仰角），使L减小，X减小，为保持速度不变，须减小油门。L与G_1之差成为使飞机运动轨迹向下弯曲的向心力，随着$\theta_上$的减小，G_1增大，G_2减小，当$\theta_上$接近0°时，应增大迎角（拉杆增大迎角）使L增大，当$\theta_上$到0°时，L与G_1都增大到G，向心力消失，飞机稳定在平飞状态，G_2减小到0；飞机平飞后，所需P只平衡X，因此，油门应比上升时小。由于改平飞的过程中，飞机还有小幅度上升，所以改平飞须掌握一定的提前量。

在平飞改下降过程中，起初的操纵动作与上升改平飞相同，都是推杆收油门，使飞行轨迹向下弯曲，随着下降角（$\theta_下$）的增大，G_1减小，G_2增大，G_1的减小阻止飞行轨迹向下弯曲（L与G_1之差减小，向心力减小），G_2的增大使所需P减小。当$\theta_下$增加到接近预定下降角时，参考升降速度表适当增大L（带杆增大仰角），阻止$\theta_下$继续增大，达到平衡时，L与G_1相等，飞机稳定在预定的下降角，同时，调整P（油门），保持速度不变。

在下降改平飞过程中，起初的操纵动作与平飞改上升相同，都是推油门拉杆，使飞行轨迹向上弯曲，随着下降角（$\theta_下$）的减小，G_1增大，G_2减小，G_1的增大阻止飞行轨迹向上弯曲（L与G_1之差减小，向心力减小），G_2的减小使所需P增大。当$\theta_下$减小到接近0°时，参考升降速度表适当减小L（迎杆减小仰角），使$\theta_下$减小到0°时，L与G_1相等，飞机保持直线平飞，同时，调整 P（油门），保持速度不变。由于改平飞的过程中，飞机还有小幅度下降，所以改平飞须掌握一定的提前量。

在直线平飞中，一个速度对应一个迎角，也就对应一个驾驶盘位置，在飞机外形不变的情况下，所需拉力也是唯一对应的；在直线上升或下降中，考虑上升或下降角的大小对所需升力和拉力大小的影响，相应增大或减小迎角和油门位置；速度值的大小，由飞行各阶段的需要、飞机的操纵性和稳定性以及动力系统装置的有效性和经济性确定，可根据飞机操作手册确定适当的速度和设置发动机的功率。

3.3.2　转弯与盘旋

转弯与盘旋是飞机改变航线，或作等待，或在水平面内做曲线运动，以增加飞行间隔；飞机改变航向切入到新的航线，或连续转弯。转弯前的直线飞行要稳定并打好配平，在转弯中通常要求不带侧滑，不超过标准转弯率。为简化分析，以下操纵假设保持高度。

1. 盘旋进入操纵

看速度表、姿态仪和升降速度表，右手加油门，左手顶杆，将飞行速度增大至规定的数字，然后参考姿态仪和转弯协调仪，手脚一致地向进入方向压盘蹬舵，同时扫视高度表，逐渐带杆增大迎角以保持高度，接近预定坡度时，回盘回舵，必要时压反盘，阻止飞机继续滚转以保持预定坡度，操作过程中若有侧滑，蹬舵消除，飞机即进入稳定盘旋。

2. 盘旋保持操纵

主要关注转弯协调仪，保证飞机协调转弯以及不超过标准转弯率对应的坡度，参看姿态仪和高度表。首先用驾驶盘保持坡度（可能少量顺盘或压反盘），再用杆保持仰角，以使飞机保持高度，蹬舵消除侧滑，最后检查速度表，调整油门保持预定速度，飞机即可保持不带侧滑的稳定盘旋。

3. 盘旋改出操纵

查看航向仪表，当飞机航向离预定改出航向为转弯坡度的一半时，参考姿态仪和侧滑仪，向转弯的反方向压盘蹬舵，随着坡度的减小，向前顶杆，并收小油门，当姿态仪显示坡度接近 0° 时，飞机接近平飞状态，此时回盘回舵，必要时压反盘，阻止飞机继续滚转以改平坡度，若有侧滑，蹬舵消除，飞机进入平飞状态。对飞机俯仰操纵的掌握参考高度表和升降速度表。在改出过程中，检查航向仪表，调整操纵量，使飞机在预定航向时改平。

为简化操纵，可设置自动舵，使方向舵随飞机的坡度自动调节偏转量，消除侧滑，在压盘或回盘时无须蹬舵；如果在盘旋进入或改出操纵中高度有少量变化，可在飞机稳定盘旋或改平后用杆和油门调整。

相关知识：

1. 平飞转弯操纵原理

飞机要在水平面内做曲线运动，必须受到水平面内与飞行方向垂直的向心力。当压盘使飞机绕纵轴滚转时，升力向滚转的方向倾斜，如果坡度不为 0°，便有了升力（L）在水平面内垂直于飞行方向的分力（L_2），L_2 成为使飞机的运动轨迹向此分力的方向发生弯曲的向心力，在转弯速度不变的条件下，转弯半径随向心力的增大而减小；升力的垂直分量（L_1）平衡重力（G），如图 3.8 所示。可以看出，要使高度保持不变，转弯中的升力应比直线飞行时大。增大升力是通过增大迎角（增大升力系数）实现，气动阻力（X）随之增大，要保持速度，必须加大油门增加拉力（P）。

转弯半径 r 和转弯率 R 由向心加速度和飞行速度 V 决定。向心力由升力的水平分量提供，飞机在平飞转弯过程中，升力的垂直分量与飞机所受重力相等，因此可以得出

$$r = V^2/g\tan\gamma \qquad R = 2\pi/V \qquad g = 9.8 \text{ m/s}^2 （重力加速度）\qquad （3-4）$$

从图 3.8 中可以看出，向心力决定于升力 L 和转弯坡度 γ，而升力的大小又由迎角、速度和侧滑角决定。在操纵转弯中，通常使侧滑角为 0°，迎角为有利迎角，因此转弯率和转弯半径由飞行速度和坡度决定，即飞行速度越大，转弯半径越大，转弯率越小；坡度越大，转弯半径越小，转弯率越大。

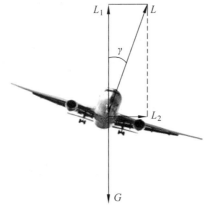

图 3.8　转弯中的受力与仪表指示（左转）

通常情况下，大的航向改变或盘旋不超过标准转弯率（3°/s）对应的坡度，转弯前，可先根据速度值估算对应的坡度，操作中，再根据转弯协调仪指示使飞机作等于或小于标准转

弯率的转弯。估算方法：以节为单位的速度值除以 10，再加上得数的一半，例如，速度为 120 kn，转弯坡度为

$$120 \div 10 + 120 \div 10/2 = 18 \ (°)$$

在垂直方向上，L_1 随坡度的增大而减小，因此，要平衡 G，必须随着坡度的增大增加 L，增加 L 可以通过增加迎角和速度来实现，但迎角过大，稳定性较差，飞机以有利迎角飞行，阻力最小。为了不使飞机盘旋时迎角大于有利迎角过多（最好在有利迎角盘旋），因此在进入转弯前，适当增速并减小迎角，在进入转弯过程中，再逐渐增大迎角，减小速度。

保持坡度是保持正常盘旋的首要条件。坡度过大，L_1 小于 G，引起飞机掉高度，又会产生 G 在飞机运动方向的分力，使飞机加速；同理，坡度过小，会使高度增加，速度减小。飞机围绕盘旋中心旋转，外翼的相对气流速度较内翼大，使外翼升力大于内翼，从而有增大盘旋坡度的趋势。另外，内外翼受到的阻力也会因副翼偏转角度和相对气流速度大小不同而不同，从而造成侧滑。因此，操纵中要注意查看姿态仪和侧滑仪，用驾驶盘保持坡度，用舵消除侧滑。综上所述，盘旋中，在保持坡度的前提下，再用杆保持仰角，最后用油门保持速度，油门的操纵原理与方法同直线平飞加减速。

要改出转弯，就必须消除向心力，也就是改平坡度，使 L 回到竖直方向。在压反盘改平坡度过程中，L 向竖直方向偏转，L_1 逐渐接近 L，要使飞机保持高度，必须减小 L，使 L_1 与 G 保持平衡，通过减小迎角（减小升力系数）实现减小 L，气动阻力（X）随之减小，因此要保持速度，须减小油门。改出转弯操纵过程中，飞机还要偏转一定的角度，所以改出操纵须有一定的提前量。

飞机绕飞机纵轴滚转时，阻转力矩平衡滚转力矩，停止滚转运动，阻转力矩消失，但还存在滚转的角速度，因此，压坡度或改平坡度接近预定值时，须回盘（甚至压反盘）回舵，阻止飞机继续滚转，尤其对不带后掠翼的上反角的飞机（后掠翼和上反角可提供横侧安定力矩）。

上升或下降转弯的操纵同平飞转弯类似，有所不同的是：建立稳定的平飞转弯后，对俯仰角的掌握主要看高度表，而进入稳定的上升或下降转弯后，对俯仰角的掌握主要看速度表，速度减小，仰角过大，速度增加，仰角过小。避免大坡度上升转弯（转弯率超过 3°/s）。

2. 坡度与转弯半径的估算

已知飞机的真空速（TAS），如果转弯率为标准转弯率 3°/s，则转弯坡度 γ 和半径 r 可以按以下公式估算。

（1）转弯坡度 γ（°）。

① $\gamma = \text{TAS} \times 15\%$，或 $\gamma = \text{TAS}/10 + \text{TAS}/20$，或 $\gamma = \text{MPM}$（NM/min）$\times 9$，TAS $\leqslant$ 250 kn。

② $\gamma = (\text{TAS}/10) + 5$，TAS $\leqslant$ 150 kn。

③ $\gamma = (\text{TAS}/10) + 7$（实用于大速度，低速时误差较大）。

（2）转弯半径 r（NM）。

低速时，$r \approx (\text{TAS}/200) + 0.05$，例如

	速度/kn 坡度/° 转弯半径/NM						
TAS	60	80	100	120	140	160	180
γ	9	12	15	18	18	24	27
r	0.35	0.45	0.55	0.65	0.65	0.85	0.95

大速度时，$r \approx$ TAS（NM/min）－2，例如

$\gamma \approx 27°$					
TAS	180	240	300	360	420	480
（NM/min）	3	4	5	6	7	8
r	1	2	3	4	5	6

3.4 动力系统的操纵

前面已阐述在飞行姿态和状态的变化中如何对发动机功率进行调整，对螺旋桨飞机，还需要掌握以下几点。

（1）为保持高的螺旋桨效率，应使桨叶迎角尽量接近有利迎角，因此，对安装变距螺旋桨（恒速螺旋桨）的飞机，增大飞行速度，应前推变距杆增加转速；反之，减小飞行速度，应后拉变距杆减小转速。

为保证发动机工作状态的稳定，增加功率时，先推变距杆，后推油门杆；减小功率时，先收油门杆，后拉变距杆。注意后拉油门杆时应比所需值多收约 1 inHg，因转速降低会造成进气压力轻微上升。

（2）进气压力通常不允许瞬间过度增压，不要持续 5 s 超过 3 inHg。方法是，决不让进气压力比转速系数大 4，例如进气压力为 24 inHg，转速不能低于 2 000 r/min；进气压力是 26 inHg，转速限度是 2 200 r/min。

（3）混合比富油，多余的燃油蒸气可降低气缸头温度（CHT）和排气温度（EGT），避免发动机温度过高。在高原机场和气压低时，由于空气密度低，需要调贫油以获得充足的空气与燃油混合。

也可以利用排气温度表，调整混合比贫油，使发动机功率最大或最经济，这是因为，在巡航时，发动机最经济状态，排气温度最高，空速比最大值稍低，但经济性提高 15%；最大功率在离 EGT 峰值大约差 100 °F 的富油侧，如图 3.9 所示，$L_{实际}$、$L_{理论}$ 为与燃油混合的空气的实际用量与理论用量。

贫油操作：从最大富油开始，缓慢后拉混合比杆减小混合比，同时观察 EGT 指示器，随着混合比减小，EGT 增加直到峰值，然后下降，增加混合比使 EGT 重返峰值，或继续富油至离峰值差 100 °F（最大功率）。

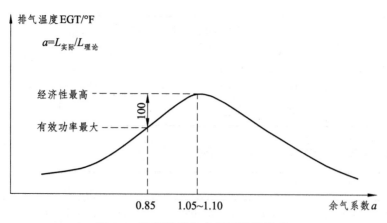

图 3.9 排气温度与余气系数的关系

第4章 目视起落航线

起落航线是飞机起飞后爬升到一定高度，经过一系列转弯返回机场并下降高度，最后对准跑道着陆，用于训练飞行、复飞后再返场着陆以及空中交通管制进近排序等。标准起落航线为左航线，如果左侧有受影响的障碍物、噪声限制区或其他强制规定，起落航线也可以是右航线。目视起落航线靠计时、目视地标或灯光导航，一般为矩形航线。

矩形起落航线包括五条边和四个转弯，如图 4.1 所示。目视起落航线各边的长度和转弯时机由计时、目视地标（主要是跑道和道面标志）或灯光（主要是跑道灯和进近灯）掌握，进近时，根据航线高度计算下降时机，通过目视天地线和跑道判断高距比，或目视进近灯光判断飞机偏离下滑道情况调整下降速度和下降率。放襟翼和起落架按各型飞机的操作手册执行。

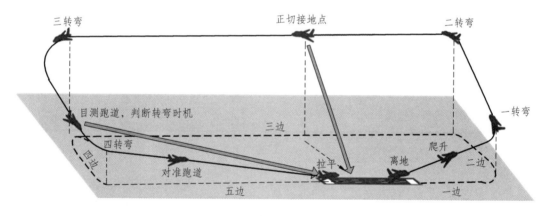

图 4.1 矩形起落航线

4.1 起落航线各边的飞行

4.1.1 一边与一转弯

一边包括起飞和沿起飞方向爬升，操纵方法和程序同第 3 章所述。一边不必飞得过长，完成起飞构型转换，设置正常爬升功率，飞机稳定上升到达安全高度后即可开始一转弯（空中交通管制规定白天不低于 100 m，夜晚不低于 150 m），确保转弯过程和转弯后能避开障碍物。一转弯通常为上升转弯。

4.1.2　二边与二转弯

二边的宽度通常由计时确定，一转弯改出时开始计时（注意计时前将计时器归零，处于预备状态），到一定高度完成起飞后项目，执行起飞后检查单。二边宽度要确保在三边能目视跑道，以及在四边有足够时间进行改变飞机外形（放襟翼和起落架）的操纵、判断四转弯时机，并考虑障碍物的限制，二转弯也常为上升转弯。

4.1.3　三边与三转弯

二转弯改出后保持三边航向继续上升到指定高度改平飞，执行进近检查；检查航线宽窄，如果有侧风，修正风的影响；向左（左航线）或向右（右航线）观察跑道，正切接地点时开始计时，如图 4.2 所示，以掌握三边长度，此时通常要放下一定角度襟翼，使飞机减速。三边的长度是根据航线高度、下降率以及四转弯改出后切入五边的位置而定。根据需要，在正切接地点，或三转弯改出后开始下降。

图 4.2　三边正切接地点

4.1.4　四边与四转弯

从三转弯开始至四转弯改出为进近着陆的概略目测阶段。三转弯改出后保持四边航向飞行，根据需要放起落架和襟翼，进一步减速。从驾驶舱左侧或右侧观察跑道与飞机的相对方位，判断四转弯时机。在四转弯的后半段除观察航向仪表外，还要注意观察跑道，如图 4.3 所示，如果判断改出后偏离跑道，则调整转弯坡度以使飞机在四转弯改出时对准跑道。

在四边和四转弯的飞行中，除目测对准五边航迹外，还要通过目视跑道或进近坡度指示灯掌握下降高度，使飞机在四转弯改出后，位置和高度正好在 3° 下滑道上。

图 4.3　四边从驾驶舱左侧看跑道

4.1.5　五边与目视进近

四转弯改出后至高度 100 ft 左右为修正目测阶段。观察跑道和跑道中线，目测航迹对准和下降情况，如图 4.4 所示，如果有偏离，要进行修正，遇有侧风，还要修正风的影响；操纵飞机沿下滑道下降，完成五边操纵项目（开着陆灯、滑行灯和燃油泵，有人工变距螺旋桨飞机的变距杆应推至最前，以便需要复飞时能迅速增加转速；根据需要调节混合比 —— 调富油以利于复飞时增加功率，或适当贫油以免发动机在慢车状态下温度过低）后，执行五边检查单。

4.2　着陆操纵

飞机以距道面 50 ft 高度飞越跑道入口，下降到距地面一定高度（小飞机通常在 5 ~ 6 m，大飞机在 6 ~ 10 m）时，开始向后带杆，飞机的下降角逐渐减小，最后将飞机拉成接地姿态（前三点式飞机以一定仰角主轮接地），拉平后段为平飘段，通常为下降角很小的直线。

在进近和拉平过程中，左手扶杆，右手控制油门，以便出现任何不利于着陆的情况时能迅速操纵复飞，或在拉平过程中同时收油门，最迟在接地前将油门收完。

轻型前三点式飞机两轮接地保持大迎角两点式滑跑，利用气动阻力减速。速度减到一定时，前轮接地，前推驾驶杆过中立位置，不使前轮再离地，随即使用刹车减速。只使用方向舵时，脚后跟放在地板上，用前脚掌控制滑跑方向，使用刹车减速时，用脚中后部控制方向，前脚掌踩刹车踏板。

对装有刹车自动调压器和防滞刹车效用好，以及能使用减速板、反推装置或螺旋桨负拉力来减速的大中型飞机，为及早使用这些措施减速，缩短滑跑距离，飞机接地后立即使前轮接地，转为三点式滑跑。速度减至一定时，及时解除反推或负拉力，改用踏板刹车。减至可以转弯脱离跑道的速度后，及时脱离跑道。

脱离跑道后的操作程序同第 2 章。

图 4.4　五边对准跑道着陆

相关知识：

要使飞机在五边上沿预定轨迹顺利着陆，首先要对准跑道，如果有侧风，须向侧风方向调整航向修正偏流，偏流角（θ）的大小可用以下方法估算：

$$\theta \approx MPM \div W_{侧} \qquad （MPM=TAS/60，W_{侧} 为侧风分量，kn）$$

或用侧滑法消除侧风影响。侧风较小时，向侧风方向压盘并向反方向蹬舵。

其次，控制好下降速度。按操作手册控制飞机在各种构型（襟翼和起落架位置）下的飞行速度，最后放襟翼至着陆位，使飞机减至最后进近速度。

最后，控制好下降角。先判断飞机与预定下滑道的位置关系，有以下几种方法：

（1）观察天地线与跑道尽头间的宽度和跑道长度。如图 4.5 所示，飞机在预定下滑道上，天地线与跑道尽头之间有一定的宽度，跑道也有一定长度，宽度过宽，以及长度过长，则高度过高，否则高度过低；

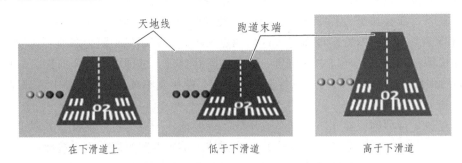

图 4.5　目视跑道与天地线判断下降角

（2）观察进近坡度指示灯（PAPI 或 VASIS），如图 4.6 与图 4.7 所示。

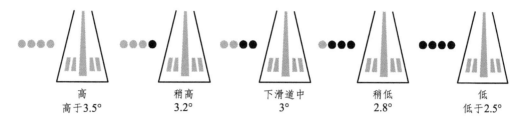

| 高 | 稍高 | 下滑道中 | 稍低 | 低 |
| 高于3.5° | 3.2° | 3° | 2.8° | 低于2.5° |

图 4.6 精密进近航道指示器（PAPI）

两排红灯，意味　　　　上风灯红色，下风灯白色，　　　两排白灯，意味
低于下滑道　　　　　　意味在下滑道上　　　　　　　高于下滑道

图 4.7 目视进近下滑道指示器（VASIS）

如果飞机过高或过低，调整俯仰角和油门以增大或减小下降角，使飞机回到下滑道。回到下滑道时，及时调整俯仰姿态和油门，使飞机沿下滑道下降。参看升降速度表，飞机在五边上通常以下滑角 3°下降，下降率可以按 5 倍速度法粗略估算，例如，飞机的速度为 70 kn，3°的下滑角，下降率应为

$$5 \times 70 = 350 \ (\text{ft/min})$$

除按估算的粗略值操纵飞机下降外，还需进一步确保飞机按预定下降轨迹下降，可用以下方法判断飞机下降角大小：

① 观察天地线与跑道末端间的宽度、跑道长度或进近灯的变化；

② 找到跑道上的接地点，建立这一点与前窗风挡玻璃上的风挡参考点的位置关系，如果接地点相对于参考点上升，则下降角过大，反之，则下降角过小。

修正下降角过大的操纵一般是保持速度不变而使下降率减小：加油门并向后带杆，飞机的升力增大，飞行轨迹向上弯曲，下降率减小，下降角减小。修正下降角过小的操纵一般是保持速度不变而下降率增大：收油门并向前迎杆，飞机的升力减小，飞行轨迹向下弯曲，下降率增大，下降角增大。保持飞机的姿态和油门不变，下降率到一定值后，飞机重新达到力的平衡，下降角保持不变。注意调整量通常很小，操纵要柔和。

4.3　复　飞

在进近的任何阶段出现不能着陆的情况，必须果断复飞。导致复飞的情况有以下几种：

（1）管制员指挥复飞。

（2）起落架放不下，复飞后通过一些手段可能放下。

（3）观察到跑道上有障碍物，且不能或不能确定在飞机着陆前移除。

（4）到达复飞点（非精密进近），或决断高（精密进近）仍看不见跑道。

（5）其他不能着陆的情况，如非法干扰等。

确定复飞后，右手柔和加满油门，收上一定角度襟翼以利于飞机加速（有足够的高度时可以收轮），双手柔和带杆逐渐建立上升姿态，上升率恒为正后收轮，此后的加速和收襟翼步骤按各型飞机操作手册执行。注意收襟翼后因升力系数减小，飞机会有短暂下沉趋势，确保飞机在安全高度。

第5章 空中无线电导航

空中无线电领航是飞行员利用地面无线电台和机载设备确定航空器相对于地面电台的方位（见图 5.1）和距离，以确定其地面投影的位置，计算待飞航向、时间和距离，沿预定航线飞行。无线电导航系统包括地面电台和机载设备，地面电台有无方向性信标台（NDB）、指点标、全向信标台（VOR）、测距台（DME）和仪表着陆系统（ILS）；机载设备包括天线、接收机、控制盒和指示器，另外，机载的音频控制面板用于控制收听电台识别信号和地空话音通信，如图 5.2 所示。

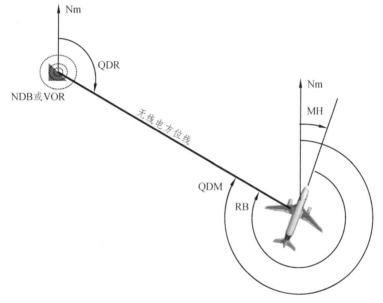

图 5.1 飞机与电台的位置关系

图 5.2 音频控制面板

5.1 NDB 导航

NDB 是安装在地面的无线电中波导航台，它连续向空中发射带有识别信号（莫尔斯电码，两位或一位英文字母）的无方向信号，可以为飞机作航迹引导或定位，分为航线导航台、引进归航台和终端导航台。与 NDB 相应的机载设备是自动定向机（ADF），由天线、自动定向接收机、控制盒及指示器组成。指示器和控制盒面板（见图 5.3）安装在驾驶舱仪表板上。

指示器有 ADF 指示器、RMI（无线电磁指示器）和电子飞行仪表系统（EFIS）。ADF 指示器有两种：一种刻度盘不能转动，刻度 "N" 始终与机头方向一致，只能指示电台相对方位角 RB，也叫相对方位指示器（RBI），如图 5.4 所示；一种可以人工转动刻度盘，使上方的标线对准飞机的航向，可指示电台磁方位角 QDM 和飞机磁方位角 QDR。RMI 是一种综合指示器，其刻度盘属于陀螺航向仪表系统，刻度盘随飞机航向转动，与航向标线对准的是飞机航向，针尖所指刻度为 QDM、针尾所指为 QDR，如图 5.5 所示。

图 5.3　ADF 控制面板

图 5.4　ADF 指示器

图 5.5　RMI

5.1.1　NDB 导航的作用

（1）利用指示器判断飞机是否通过航线上的电台上空，为飞机定位和实施空中交通管制。

（2）利用飞机相对于航线上和航路侧方电台的方位角，为飞机定位和实施空中交通管制。

（3）利用航线上的电台为飞机作航迹引导，使飞机按预定航线飞行、进场或进近着陆。

5.1.2 NDB 导航实施

1. 确认电台

在航图上找出要使用的 NDB 电台，认清其位置、呼号、识别码、频率以及要使用的方位线。如果要用到两个以上的 NDB 电台，则要分清使用顺序以便调谐。

2. 调谐与识别

使用 NDB 导航前要有足够的时间提前量，先在 ADF 控制盒面板上调谐好相关导航台的频率。一部 ADF 控制盒可以调两个地面台的频率（一个使用频率，一个备用频率），用控制面板上的"FRQ"按钮可以实现频率转换，如图 5.3 所示。调频时，按下控制面板上的"BFO"按钮，引入差拍信号以收听辨别电台呼号，频率调好后，按下音频控制板上的"ADF"按钮，在使用频率的 NDB 的有效作用范围内，可以收听到其识别的音频信号。

3. 检查指示器

检查相关的指示器是否正常工作。

4. 导航

NDB 导航分为方位判断、定位和航迹引导。

1）方位判断

NDB 电台用于测量飞机相对于电台的磁方位。只要接收到了调谐的 NDB 导航信号，指示器的指针就会指向电台的方位。RBI 指示 RB 的值，如图 5.6 所示，两个位置的 RB 相同，飞机相对于电台的方位还须结合航向判断。RMI 的指针指示 QDM（针尖）或 QDR（针尾）的值，如图 5.7 所示，通过 QDM±180°或 QDR 可以直接判断飞机相对于电台的方位。

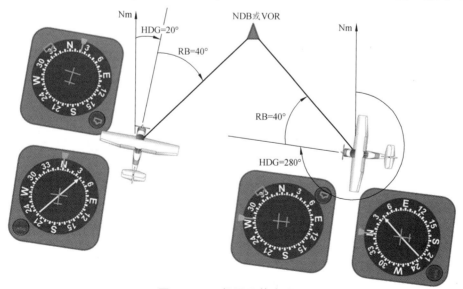

图 5.6 RB 相同而航向不同

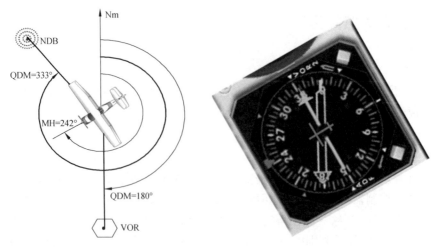

图 5.7　RMI 的指示

2）定位

定位的方式分为电台上空定位和交叉定位。

（1）电台上空定位。由于 RBI 或 RMI 指示器的指针始终指向电台，在飞机由向台飞越电台至背台过程中，指针会发生偏转；另外，电台上空有一个圆锥角为 80°的顶空盲区，飞机飞越电台时收不到信号，仪表上会出现警告旗或指针无指示。

（2）交叉定位。在飞机沿预定航迹飞行（由 NDB 方位线、VOR 径向线或 DME 弧引导）的条件下，一个侧方（交角最好在 90°左右）的 NDB 台提供一条方位线（或 VOR 径向线，或径向方位与航迹接近 0°的 DME 弧），用于判断飞机是否到达预定点。领航准备时，首先，在航图上，除了确认使用的侧方电台和飞机进入预定方位线时的 QDM 或 RB（注意与实际飞行的航向有关）角度值外，还要确认进入前后仪表指针的变化趋势——由小到大或由大到小：电台在航线左侧，仪表指示由大到小；在航线右侧，指示由小到大，如图 5.8 所示。其次，计算飞机进入预定方位线的时刻，以便提前调谐、识别电台和校对仪表。图中 RB 未标出，其变化规律和 QDM 或 QDR 相同。

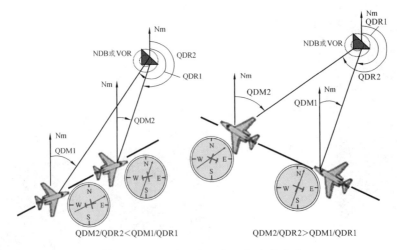

图 5.8　QDM 与 QDR 在飞行中的变化

3）航迹引导

航迹引导是指利用航路上的导航台，沿与航线重合的方位线飞行，分为向台与背台飞行两种情况。导航的方法是，使用 RMI，一般向台时用 QDM，背台用 QDR 较为方便，或用 RBI 配合航向仪表判断飞机是否在预定航线上，如果不在，则根据 QDM/QDR 或 RB 的值判断偏离情况，再根据偏离情况决定返回航线的操纵动作，具体如下。

（1）导航准备。导航前，先做领航计算，假设飞机在预定航线上，根据航图和预报风计算出偏流 DA 和应飞航向 MH$_\text{应}$。如图 5.9 所示为使用航行速度三角形解算 DA 和 MH$_\text{应}$，图中 MTK 为磁航迹角，应与航线角 MC 相同，TAS、WS 和 GS 分别为真空速、地速和风速矢量。

QDM$_\text{应}$=MC（向台），或 QDR$_\text{左}$=MC（背台），MH$_\text{应}$=MC—DA，如图 5.10 所示。

① 无侧风分量：DA=0°。

向台：MH$_\text{应}$=QDM$_\text{应}$=MC，RB=0°。

背台：MH$_\text{应}$= QDR$_\text{左}$=MC，RB=180°。

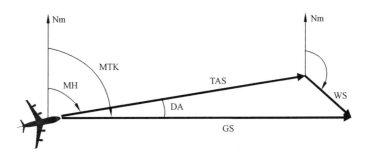

图 5.9　航行速度三角形中的各矢量和角度

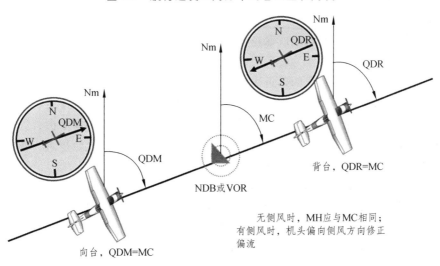

图 5.10　飞机在航线上

② 有侧风分量：左侧风，DA 为正；右侧风，DA 为负。

向台时，RB=DA。使用 RMI：MH$_\text{应}$ = QDM – DA=MC – DA。使用 RBI：MH$_\text{应}$ = MC – DA = MC – RB

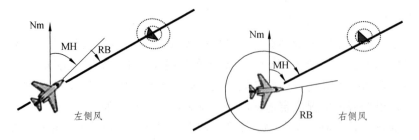

图 5.11　有侧风时向台沿航线飞行

背台时，RB=180°+DA。使用 RMI 指示器：MH $_应$ = MC – DA= QDR – DA。使用 RBI 指示器：MH $_应$=MC – DA=MC – RB+180°。

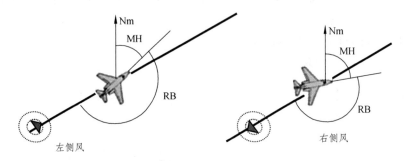

图 5.12　有侧风时背台沿航线飞行

以上说明的是导航原理，在实际飞行中不用做这么多计算，只需从仪表上直接判读，即使对侧风引起的偏流，也有一些快速估算技巧，如 DA ≈ 侧风分量（kn）/TAS（NM/min）。

从上面的分析中可以看出，向台飞行时用针尖，背台飞行时则用针尾能迅速判断出飞机是否在航线上。

（2）进入预定方位线。沿航线或保持一定航向接近预定方位线，按航图上标明的转弯点转弯，或找一条适当的方位线作为转弯时机，操纵飞机切入预定航线。在离电台较远的情况下，切入角的大小由飞机离航线的远近决定，离航线较远，为使飞机尽快切入航线，适于用较大的切入角。切入航线后转入航线方向并考虑偏流修正沿航线飞行，注意转弯提前量：切入角大或速度大，提前量大，反之，提前量小。转弯提前量越小越容易掌握，因此，离航线近，选用较小的切入角。离电台较近，选用较小的切入角，因为离电台越近，指针越灵敏，大的切入角容易使飞机穿过预定方位线。

如图 5.13 所示用 RMI 向台切入航线的过程：

① 在仪表上判断飞机、航线和电台的位置关系，假想表的中心是电台，找出与 MC 对应的刻度，穿过中心点的另一端（表中的虚线是假想的航线），即飞机的目标位置。因为针尖指示当前的 QDM，针尾就是飞机当前的位置。

② 飞机沿指定航线飞行，或选择一个切入角，将飞机操纵到对应的航向上，观察针尖向下逐渐接近 MC。

③ 到达转弯点时操纵飞机转到航线方向并修正偏流沿航线飞行。

如果用 RBI，表中刻度"N"与机头对齐，参考航向仪操纵飞机切入预定航线，RBI 指针针尖的变化规律与 RMI 相同，即逐渐向下偏转，当与"N"的夹角为切入角（向右切入为负，向左切入为正）时，飞机进入预定航线。掌握转弯提前量操纵飞机切入航线。

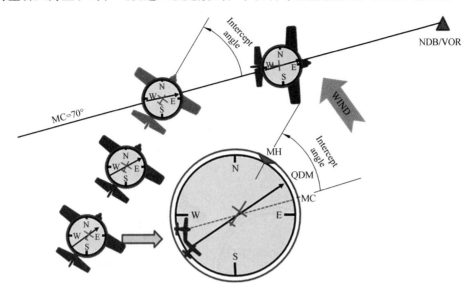

图 5.13　向台切入预定航线

　　如果离电台很近，如 3 km 内，宜选用被动向台方式直飞电台：操纵飞机航向使 RMI 或
RBI 指针针尖始终对准表的正上方，即机头始终指向电台，如图 5.14。

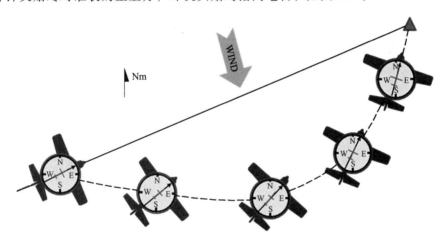

图 5.14　被动向台

　　如图 5.15 所示用 RMI 背台切入航线的过程：
　　① 在仪表上判断飞机、航线和电台的位置关系，方法与向台相似，假想表的中心是电台，
找出与 MC 对应的刻度，穿过中心点作为假想的航线，飞机的目标位置在 MC 一端，针尾是
飞机当前的位置；
　　② 飞机沿指定航线飞行，或选择一个切入角，将飞机操纵到对应的航向上，观察针尾向
上逐渐接近 MC；
　　③ 到达转弯点时操纵飞机转到航线方向并修正偏流沿航线飞行。
　　如果用 RBI，表中刻度"N"与机头对齐，参考航向仪操纵飞机切入预定航线，RBI 指

针针尾的变化规律与 RMI 相同，即逐渐向上偏转，当与"N"的夹角为切入角（向右切入为负，向左切入为正）时，飞机进入预定航线。掌握转弯提前量操纵飞机切入航线。

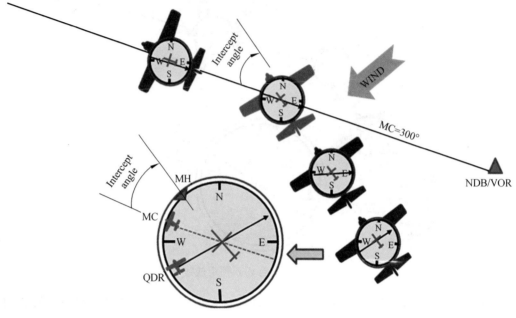

图 5.15　背台切入预定航线

（3）沿航线飞行的过程中，根据 QDM/QDR 或 RB 与 MH 的实际读数与预计值比较，判断飞机是否在航线上。如图 5.16 所示根据 QDM（向台）或 QDR（背台）的实际值与应飞值比较，判断飞机偏航情况。

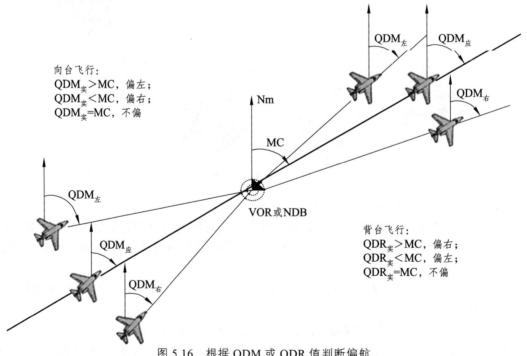

图 5.16　根据 QDM 或 QDR 值判断偏航

如果用 RB 判断，须结合航向仪表。当 MH $_实$=MC 时，可观察指针针尖偏在"0°"（向台）或"180°"（背台）的左侧或右侧判断是否偏离航线，如图 5.17 所示。背台时，也可观察指针针尾偏在"0°"的左侧或右侧判断：在左侧，偏左；在右侧，偏右。

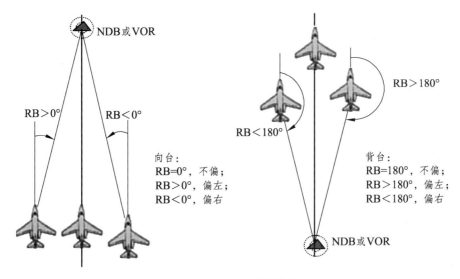

向台：
RB=0°，不偏；
RB>0°，偏左；
RB<0°，偏右

背台：
RB=180°，不偏；
RB>180°，偏左；
RB<180°，偏右

图 5.17   用 RB 判断偏航

（4）根据偏离情况决定返回航线的操纵。向左或向右修正，根据偏航角（向台）或偏离角（背台）大小和离台远近确定切入角的大小，从而确定返回航线应飞的航向：偏航或偏离角大，离台远，切入角大，反之，切入角小。也可以用两或三倍偏航或偏离角作为切入角。

如果离电台很近，指针偏转很快，不要做大角度的转弯，向台时用被动向台方式回到电台上空，也就回到了航线；背台时，航向向针尾反方向稍做调整，再观察指针的变化。当然，在飞行过程中应密切检查飞机的偏航情况，不要过多偏离航线。回到航线的过程与切入航线相同。

这里有一些观察仪表和操作的规律和技巧：无论是切入还是回到航线，向台时，如图 5.18 所示，观察 RMI 或 RBI 的指针针尖，向针尖方向转弯（位置 1），如果航向转到与针尖方向对齐，则直飞电台上空（位置 2），如果转过针尖指示的方向，就能在过电台之前回到航线（位置 3）；背台时，观察 RMI 或 RBI 的指针针尾，向针尾偏离航线角的反方向转弯，把针尾"拉"回应指示的刻度，如图 5.19 所示。

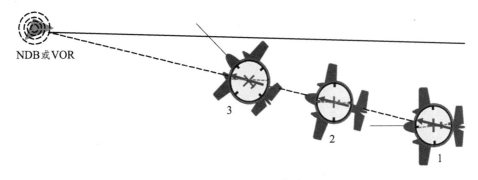

图 5.18   向台回到航线

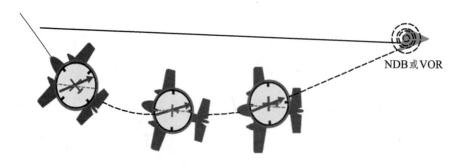

图 5.19　背台回到航线

（5）回到航线后，根据偏航情况在原来的基础上修正 DA：可以增加或减少一半或一倍，再观察仪表的变化，进一步修正，以此类推。因为空中风会发生变化，所以要不时检查仪表，确认飞机保持在航线上，一旦发现偏离，及时修正回到航线，因为偏离越少，操纵量越好掌握。

以上过程可以总结为目标→仪表判读（飞机当前位置与目标位置的关系）→操作决策（目的航向与转弯方向）→操作→保持，在保持中检查仪表，发现偏离，重复上述过程。熟练掌握仪表判读和操作的技能技巧能使上述过程轻松快捷。

5.2　VOR 导航

甚高频全向信标（VOR）系统是一种常用的无线电测角导航系统，精度较 NDB 高。VOR 系统包括地面 VOR 台和机载设备，机载设备包括天线、接收机、控制盒和及指示器。地面 VOR 台除发射识别码为三个英文字母的国际莫尔斯电码（音频识别信号）外，还发射两种导航信号——基准和可变相位信号，基准和可变信号的相位差恰好等于飞机方位角。

与 VOR 导航相关的指示器：姿态指引仪 ADI、无线电磁指示器 RMI、水平状态指示器 HSI、航道偏离指示器 CDI、航道与下滑指示器，等。RMI 的使用与 NDB 导航相同，只是须将导航台选择旋钮设置在"VOR"。HSI、CDI 或航道与下滑指示器左下方都有一个用于选择航道的"OBS"旋钮，即选择 VOR 的某一条径向线用于航迹引导或交叉定位，当飞机偏离选择的航道时，航道指针或偏离指示杆会偏离中间位置，表盘中央有一排对称水平分布的刻度点，可以指示飞机偏离航道的角度值。刻度点通常是两边各五个点，满偏为 10°，每点 2°，也有些是两边各两个点，每点 5°。另外，在表盘中还有一个表示向/背台的白色三角形标志，当飞机相对于电台的实际磁方位（即实际的 QDR，等于 VOR 径向方位）与预选航道相差大于 90°时，显示向台，反之，则显示背台。当没有收到导航信号时，表中会出现红色或红白相间的警告旗。

HSI 是一个综合仪表，如图 5.20 所示，基本部分是一个陀螺航向仪，刻度盘会随着飞机的航向转动，表盘正上方的航向标线对准的是飞机的航向。CDI 和航道与下滑指示器（见图 5.21）的区别是 CDI 没有下滑指针，它们用于 VOR 导航时使用方法相同，刻度盘只能人工转动，表盘正上方的标线对准的是选择的航道。

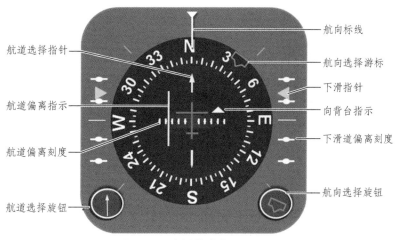

图 5.20　水平状态指示器 HSI

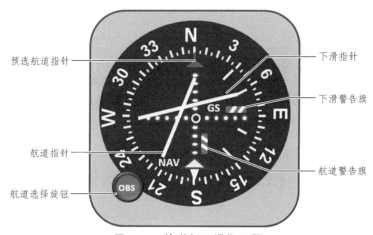

图 5.21　航道与下滑指示器

5.2.1　VOR 导航的作用

（1）利用指示器判断飞机是否通过航线上的电台上空，为飞机定位和实施空中交通管制。

（2）利用飞机相对于航线上和航路侧方电台的方位角，为飞机定位和实施空中交通管制。

（3）利用航线上的电台为飞机作航迹引导，使飞机按预定航线飞行、进场或进近着陆。

（4）与安装在一起的测距台 DME 配合，为飞机作 DME 弧线航迹引导。

（5）与自动飞行控制系统关联，实现自动导航。

5.2.2　VOR 导航的实施

由于 RMI 指示器的使用与 NDB 导航相同，以下所述内容若不特别指明，只是针对 HSI 和 CDI 指示器。

1. 确认电台

在航图上找出要使用的 VOR 电台，认清其位置、呼号、识别码、频率以及要使用的径向线。用到两个以上的 VOR 电台，则要分清使用顺序以便调谐。

2. 调谐与识别

一架飞机可拥有两个以上与 VOR 导航相关的指示器，如有 HSI，也有 CDI 或 RMI，每个指示器对应一台供调谐的甚高频导航控制盒，如图 5.22 所示（左边是甚高频通信控制板）。在每个控制盒的面板上有频率显示窗口，左边是使用频率，右边是备用频率。两个频率中间的下面，有一个标双向箭头的按钮"STBY"，按钮的左或右端可以进行使用频率和备用频率的转换，按下后松开，按钮自动复位。调频旋钮分为外层和内层，分别调整备用频率的整数和小数部分，转动外层旋钮，频率以 1 MHz 变化；转动内层旋钮，频率以 50 kHz 变化。调好备用频率后，按"STBY"按钮的一端，备用频率就转换为使用频率。频率调好后，按下音频控制板上的"NAV"按钮，在与使用频率相关的 VOR 台的有效作用范围内，可以收听到音频识别信号。

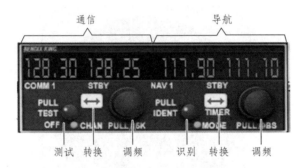

图 5.22 甚高频通信与导航控制面板

3. 选择航道

使用 HSI 或 CDI 指示器，无论是交叉定位，还是航迹引导，都要选择一条径向线。如果是用作交叉定位的侧方 VOR 台，径向线的度数就是交点处的电台方位角或飞机方位角；如果是航迹引导，电台应在航线上，选择的径向线应与航线重合。注意两条相差 180°的径向线是重合的，应选择与航线角度数一致的那条，否则在判断飞机偏离航线左右位置时，可能与实际情况相反。调谐好频率后，转动 OBS 旋钮，使航道指针对准所选径向线（航道）的度数值。

4. 导　　航

VOR 导航分为三种：方位判断、定位和航迹引导。

（1）方位判断。

想要知道飞机相对于某个确定 VOR 台的方位，可以转动 OBS 旋钮，当航道杆与航道指针重合（HSI），或移动到表盘中央（CDI），并且向/背台标志指示背台时，航道指针指示度数就是 QDR；如果指示向台，指针指示的是 QDM。如图 5.23 所示，位置 1 和位置 2 的飞机选择航道 65°或 245°，航道偏离指示杆都居中。在位置 1 选择 65°时，显示背台，选择 245°时，显示向台向台；在位置 2 选择 65°时，显示向台，选择 245°时，显示背台。

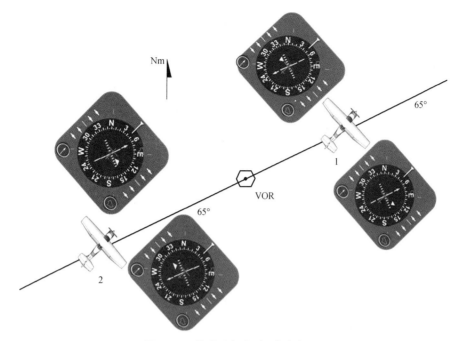

图 5.23　航道选择与向/背台指示

　　如图 5.24 所示，四个位置的飞机在穿过 VOR 的同一条线上，都设置该条线的东北方向径向线作为选择的航道。位置 1 和位置 2 的飞机的 HSI 和 CDI 都显示背台，两个 HSI 除航向不同外，其余都相同；位置 3 和位置 4 的飞机 HSI 和 CDI 都显示向台，两个 HSI 除航向不同外，其余都相同。由此可见，向背台的指示与航向无关。

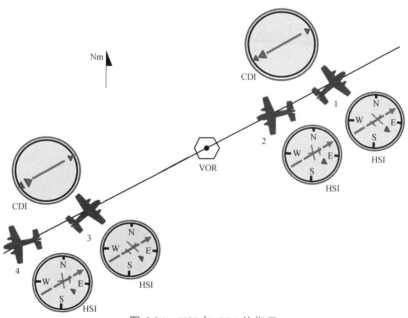

图 5.24　HSI 与 CDI 的指示

（2）定位。

定位分为电台上空定位和交叉定位。

电台上空定位：VOR 电台上空有一个圆锥角为 100°的顶空盲区，飞机飞越电台时接收不到信号，仪表上会出现警告旗。另外，如果飞机飞越电台前选择的航道与航线角一致，飞越后不改变选择的航道，或改变的度数小于 90°，指示器上的向/背台符号会由向台变为背台。如图 5.25 所示，位置 1 和 3 的飞机能收到导航信号，位置 2 的飞机处于顶空盲区，导航仪表会出现警告旗。

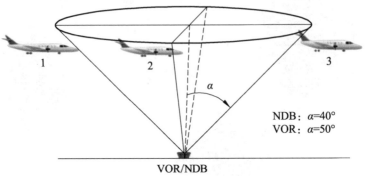

NDB：$\alpha=40°$
VOR：$\alpha=50°$

图 5.25　飞机通过电台上空

交叉定位：在飞机沿预定航迹飞行的条件下，利用航线侧方的一个 VOR 台提供的一条与航线相交的径向线，判断飞机是否到达预定点（相交的角度以 90°或接近 90°为佳）。首先，如前所述，在航图上确定使用的 VOR 电台与径向线，再确认飞机进入预定径向线前后航道杆的变化趋势，即从预定径向线的左侧还是右侧进入，以便从航道杆的偏离情况判断飞机是否通过预定径向线。飞机进入预定径向线的过程：当飞机实测径向方位与预定径向线相差小于 10°时，指示器上的航道杆开始向中间移动，当移到中间（CDI）或与航道指针重合时（HSI）时，飞机到达预定点。如图 5.26 所示利用航线侧方 VOR 台的 130°—310°径向线判断飞机是否过定位点，表 1 选择航道 130°，表 2 选择 310°，注意航道偏离指示的区别。

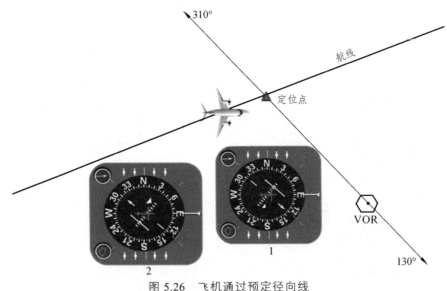

图 5.26　飞机通过预定径向线

（3）航迹引导。

航迹引导是指利用航路上的 VOR 台，沿着与航线重合的径向线飞行，或沿着与 VOR 安装在一起的 DME 台的某条弧线飞行。沿 DME 弧线飞行将在第 5.3 节中讲解，本节讲解沿径向线飞行，其步骤如下。

① 航向。

操纵飞机转到某个适当的航向，该航向与航道的夹角不要大于 90°。如图 5.27 所示，飞机 1 和 2 接近航道，航道偏离杆在表中小飞机的前方。飞机 3 远离航道，航道偏离杆在表中小飞机的后方。

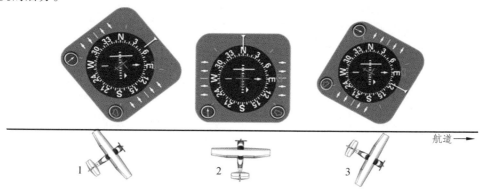

图 5.27　接近与远离航道

② 切入。

飞机切入预定径向线的转弯操纵要有一个提前量。首先，尽量避免大坡度急转弯；其次，根据飞行速度和切入角的大小决定切入预定径向线的转弯时机：速度大，切入角大，靠近径向线快，转弯提前量大；反之，提前量小。如图 5.28 所示为切入过程。

CDI 的指示　　　　　　　　　　HSI 的指示

图 5.28　切入径向线/航道

飞机转到预定航向改平后，航道杆应恰好移到中间。

③ 保持。

切入预定径向线后，飞机稳定在一个航向，使指示器的航道杆保持在中间与航道指针重合。如果没有侧风，航向与航线角一致，否则，需要调整航向，以修正因侧风引起的偏流。

如果航道杆偏离，先操纵飞机回到航线上，再根据先前偏离的方向和快慢判断侧风的方向和大小，重新调整飞机的应飞航向。如图 5.29 所示为截获径向线并沿径向线飞行。

CDI 的指示   HSI 的指示

图 5.29 截获径向线/航道

需要注意的是，无论是使用 HSI，还是 RMI，偏离指示的是偏离的角度数，如图 5.30 所示，两架飞机的偏离航线的距离相同，但距离 VOR 较近的显示的偏离度数更大。同理，相同的偏离度数，则距离 VOR 台越近，偏离航线的距离越小。那么，当飞机距离 VOR 台很近（2 NM 内，或观察到指针移动速度较快），指针指示偏离度数较大时，不要试图用大切入角回到航线，而应对航向稍做调整，便能很快回到航线。

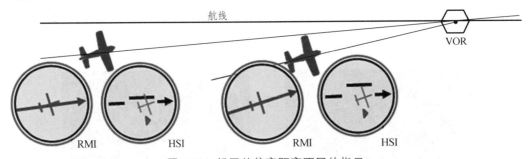

图 5.30 相同的偏离距离不同的指示

5.2.3 RMI 与 HSI 的使用比较

RMI 与 HSI 都可用于 VOR 导航，但各有其特点，如果一架飞机上既有 RMI，又有 HSI，在不同飞行阶段合理选择 RMI 或 HSI，可以使导航的实施更为便捷。

（1）RMI 可用于 NDB 和 VOR 导航，在电台的 360°方位，只要收到有效的导航信号，便能直接指示出 QDM、QDR 等信息。HSI 可用于 VOR 和 ILS 导航，显示的是飞机实际位置所在的径向线与选择的径向线之间的偏离情况，当偏离程度在 10°以上时，都是显示满偏，即使在 10°以内，也要通过向/背台来判断飞机与电台的位置关系。

（2）用 RMI 判断飞机对航线的偏离情况，需要指针的指示与航线角比较，而用 HSI 观察偏离更直观，只要航道选择适当，航道偏离指示杆甚至可以当作驾驶操纵的指引杆使用，即所谓的"追杆"。

（3）HSI 可以和自动驾驶衔接，实现自动导航（见第 7 章第 7.1.3 节），RMI 不能。

根据上述特点，当飞机偏离选择的航道角度差大于 10°时，用 RMI 观察；偏离航线角度小于 10°时，尤其是距离航线上 VOR 台较远时，用 HSI 判断切入航道；距离航线上 VOR 台较近时，用 HSI 配合 RMI 判断切入航道；距离航线上 VOR 台很近时，用 RMI 判断，以被动向台方式直飞电台上空。

5.3　DME 导航

测距机 DME 系统是一种测量由询问器到应答器距离的二次雷达系统，由固定的地面信标设备和机载设备组成，应答器是地面信标设备的主要组成部分。

机载设备主要由询问器、控制盒、天线和距离指示器组成。询问器发射询问脉冲，接收和处理由地面应答器发射的应答脉冲，计算由询问器到应答器的距离；距离指示器和控制盒在驾驶舱仪表板上，距离指示器显示飞机到地面信标台以海里（NM）为单位的斜距、地速以及预达地面信标台的时间，控制盒提供询问器的收/发信机所需的转换电路，并提供频率选择。

5.3.1　DME 导航的作用

（1）测量和显示飞机到地面 DME 信标台的斜距。

（2）计算和显示飞机地速和预达地面信标台的时间（这两项参数只在飞机沿 DME 径向飞行时才有意义）。

（3）电台上空或交叉定位。两台 DME 或一台 DME 与另一台测角导航台（VOR、LLZ 或 NDB，通常是 VOR 或 LLZ）结合，为飞机定位。

（4）NDB/DME、VOR/DME 或 ILS/DME 进近。着陆时，与高度表结合（高/距比）判断飞机是否在正确的下滑道上，或检查 ILS 下滑信号是否可靠。

（5）与 VOR 结合，引导飞机沿 DME 弧线飞行。

（6）与 VOR 结合，实现区域导航。

（7）通过定位或测距，为空中交通管制的航路间隔提供依据。

5.3.2　DME 导航的实施

1. 确认电台

确认电台的位置、频率和呼号。查看航图上使用 DME 的定位点或 DME 弧航线，如果是 DME 和甚高频电台配套使用，则确认相关的甚高频电台（VOR 或 ILS）；如果是单独使用的 DME，则确认其波道。

2. 调谐与识别

对配套使用的 VOR/DME 或 ILS/DME，在甚高频控制盒"VHF NAV"上调谐好 VOR 或

LLZ 的频率，再将 DME 控制盒上的 "R_1/R_2" 选择开关搬至相应位置，如图 5.31 所示。

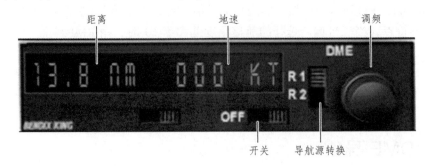

图 5.31　DME 控制盒面板

如果是单独使用的 DME，就根据航图上给出的波道，计算出 DME 频率，再用 DME 控制盒上的频率选择旋钮调定所需的频率。调谐过程：将功能开关放 "FREQ" 位，显示窗的右边显示所选频率，转动频率选择旋钮调好频率后，显示窗左边会显示出 DME 距离；按下音频控制板上的 "DME" 按钮，可以辨听地面 DME 电台的识别信号；将功能开关扳至 "地速/到台时间（GS/T）" 位，显示器右边会显示出地速和到台时间。

3. 导　航

与 DME 有关的导航分为定位、航迹引导以及进近时判断高/距比。

（1）定　位。

定位方式分为电台上空定位和交叉定位。

电台上空定位：DME 电台在航线上，飞机飞越电台时，距离显示器显示的距离应近似于以海里（NM）为单位的真高，因此飞行员可以结合高度表判断飞机是否过台。当然，如果是气压式高度表，要考虑气压高度与几何高度的差别。

交叉定位：交叉定位有 VOR/DME、LOC/DME、NDB/DME 和 DME/DME 四种方式，前三种是 DME 与测方位导航台配合，后一种是两条 DME 弧线相交。

飞机沿航线飞行，这条航线的航迹引导可以是 VOR 径向线、ILS 航道、NDB 方位线或 DME 弧，当 DME 控制盒的距离显示窗显示预定距离时，飞机到达预定点。

（2）航迹引导。

利用安装在一起的 VOR/DME，引导飞机沿着以电台为中心一定 DME 距离为半径的某一段圆弧飞行。DME 弧常用作仪表进近中由航路到中间或最后进近航段的过渡航段，也用于一些离场航线。

① 进入 DME 弧。

在航图上，进入 DME 弧的开始转弯点都由一个定位点提供。

飞机沿 VOR 的某一条径向线向台或背台飞行，根据 DME 显示器显示的距离，以标准转弯率（$\omega = 3°/s$）向右或左转 90 切入预定 DME 弧线；转弯提前量为一个转弯半径，即由 DME 弧外侧切入时，距离为 DME 弧半径加上转弯半径；由内侧切入时，距离为 DME 弧半径减去转弯半径。转弯半径的大小与飞行速度有关，可以通过尺算或心算求得。心算公式为

$$R = 0.5\% \cdot GS \approx 0.5\% \cdot TAS$$

其中，R 为半径，GS 为地速，TAS 为真空速，TAS<170 kn。

或先沿航线飞行，到达航图上给定的转弯点再转弯切入 DME 弧线。

② 沿 DME 弧飞行。

实际的 DME 弧线飞行，是沿 DME 弧的一系列割线飞行，这一系列割线长度相等，所对应的圆心角为 10°或 20°，飞行员可以用 DME 显示器与 RMI、CDI 或 HSI 配合，以落 5°转 10°（半径较大），或落 10°转 20°（半径较小）的方法沿 DME 弧的割线飞行，每一段割线对应的弧度是 10°或 20°。选择 10°或 20°由弧的半径和飞行速度确定，如轻型飞机飞半径 10 NM 的弧线，选择每段 10°，可以使飞行轨迹更接近弧线；如果飞行速度较大，小半径短航段会造成转弯过急。如图 5.32 所示，飞机由 DME 弧内侧切入弧线并沿弧飞行，每一段割线对应的弧度是 2β。在位置 1，提前一个转弯半径左转 90°切入弧线，保持航向飞过 β 到位置 2，RMI 表指针针尖落后表中小飞机左侧翼尖 β（或针尾超前右侧翼尖 β），此时航向左转 2β，RMI 表指针针尖超前表中小飞机左侧翼尖（或针尾落后右侧翼尖，如位置 4），保持航向飞过 β 到位置 3，RMI 表指针针尖对准表中小飞机左侧翼尖，保持航向至位置 4，重复上述步骤。注意 RMI 针尾所指度数即是飞机相对 VOR 台的径向方位。

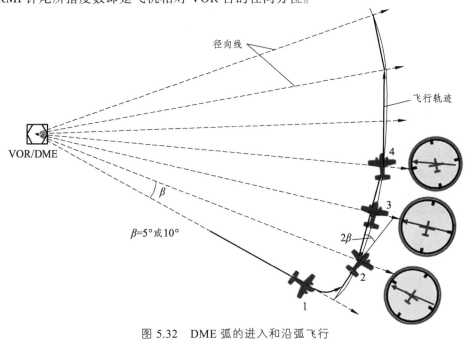

图 5.32 DME 弧的进入和沿弧飞行

使用 RMI 飞 DME 弧线是最方便的一种方法，如果使用 CDI 或 HSI，则要在沿弧线飞行的每次转弯时将航道选择增加或减少 10°或 20°。

由于半径的计算误差和飞行中风的影响，实际的弧线航迹会偏离预定航线，须随时检查 DME 距离，如果偏离航线，必须调整航向修正。修正的时机在割线的中点，通常的修正方法是每偏离 DME 弧 0.5 NM，航向向弧线内侧或外侧改变 10°或 20°。回到规定的航迹后，注意参考径向方位调整航向，使飞机仍沿弧线飞行，否则会使半径继续增大或减小。

③ 从 DME 弧切入直线航线。

结束 DME 飞行需切入指定航线时，应提前转弯，在航图上可查到有一条径向线提供转弯时机。

5.4 ILS 导航与进近

ILS 系统用于仪表精密进近，也称为盲降系统，尤其适用于雷达管制的机场进近着陆。该系统包括地面导航信标系统和机载设备。ILS 进近按精度分为Ⅰ类、Ⅱ类和Ⅲ类，各类着陆标准如表 5-1 所示，各机场具体标准在进近图中给出。常有 DME 与 ILS 配合实施 ILS/DME 进近。

表 5-1　各类着陆标准

类别	跑道视程（RVR）	决断高度（DH）
Ⅰ	800 m（2 600 ft）	60 m
Ⅱ	400 m（1 200 ft）	30 m
ⅢA	200 m（700 ft）	0 m
ⅢB	50 m（150 ft）	0 m
ⅢC	0 m	0 m

用于 ILS 导航的设施设备分为地面信标系统和机载设备。

5.4.1 ILS 地面信标系统

地面电台由三部分组成：航向信标（LOC 或 LLZ）、下滑信标（GS）与指点信标（MB），MB 又包括内、中、外指点标（IM、MM、OM），Ⅰ类盲降只有 MM、OM 两个指点标，如图 5.33 所示。MM、OM 常常和 NDB 安装在一起，称内、外示位台（LMM、LOM）。

图 5.33　ILS 地面信标系统配置

航道面与下滑面相交形成引导飞机对准跑道并下降的导航信号，如图 5.34 所示。

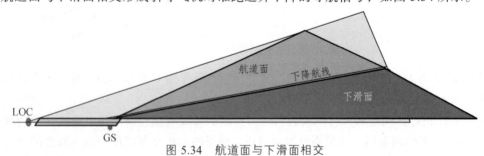

图 5.34　航道面与下滑面相交

1. 航向信标

航向信标台天线安装在跑道中心延长线距跑道末端 400～500 m 处，向着陆航道左右两侧分别发射由 90 Hz 和 150 Hz 调幅的甚高频导航信号以及音频信号，信号作用范围距离如图

5.35 所示。两种调制信号在过跑道中线延长线并与地面垂直的平面内幅度大小相等，方向相反，形成一个航道面。航向天线在着陆的正反方均有信号发射，只是正向信号较强，反向信号可供反航道进近使用，部分安装 ILS 系统的跑道提供反航道进近程序，反向信号也可以为飞机离场和复飞提供航迹引导。

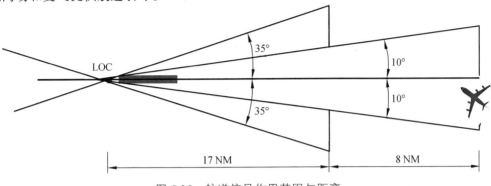

图 5.35　航道信号作用范围与距离

2. 下滑信标

下滑信标台天线安装在跑道入口内的一侧，一般距跑道入口约 250 m，距跑道中心线约 150 m，向着陆方向上下分别发射由 90 Hz 和 150 Hz 调幅的超高频信号，两种信号部分重叠，形成与地面呈约 3°（可调）的下滑面，在下滑面上，大小相等，极性相同。下滑信号在着陆方向跑道中线延长线两侧约 8°扇区内，上限 1.75θ（θ 为下滑角）和下限 0.3θ 范围，提供最远 10 NM 的导航距离，如图 5.36 所示。

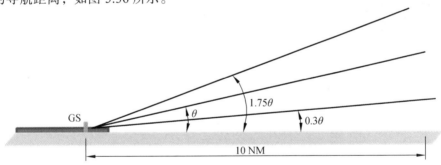

图 5.36　下滑道信号作用范围与距离

3. 指点信标

指点信标台为两个（Ⅰ类）或三个（Ⅱ类和Ⅲ类），分别叫作外指点标（OM）、中指点标（MM）和内指点标（IM），安装在着陆方向跑道中线延长线上，向其正上方发射 75 MHz 的 VHF 信号和三种不同的音频识别信号。指点标的作用是帮助飞机判断距跑道入口的距离，以及航道（两点决定一条直线）与下滑道（与下滑线在固定点相交）信号是否可靠。外指点标通常安装在下滑道切入点附近，距跑道端 6.5 ~ 11 km，常与远台 NDB 安装在一起，称为外示位台（LOM），音频信号为 400 Hz；中指点标一般位于 DH60 m（Ⅰ类 ILS 进近）处，距跑道端（1050±150）m，常与近台 NDB 安装在一起，称为中示位台（LMM），音频信号 1 300 Hz；内指点标安装在 DH30 m（Ⅱ类 ILS 进近）处，距跑道端 75 ~ 450 m，音频信号为 3 000 Hz，如图 5.37 所示。

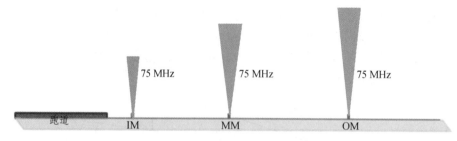

图 5.37　指点标的分布和信号发射

如果是 ILS/DME 进近，则可用 DME 距离代替指点标。

5.4.2　ILS 进近的实施

ILS 机载设备包括甚高频导航接收机、航向天线、指点标接收机、指点标天线、下滑天线、控制盒指点标信号灯和指示器，其中接收机、航向天线和控制盒与 VOR 共用。指示器有 HSI、航道与下滑指示器，以及指点标信号灯，如图 5.38 所示。

航道与下滑指示器

HSI

指点标信号灯

图 5.38　ILS 指示器

航道的指示与 VOR 相同，如图 5.20 所示，只是精度较 VOR 高，指针满偏为 2.5°，即每边两个点的指示器每个点 1.25°，每边五个点的每个点 0.5°。表示下滑偏离的有上下各两个点，满偏 0.7°，即每个点 0.35°，接收到下滑信号后，下滑指针会指示飞机偏离下滑道的方向和度数：下滑指针居中或水平表示飞机刚好在下滑道上，上偏表示低于下滑道，下偏表示高于下滑道，如图 5.39 所示。

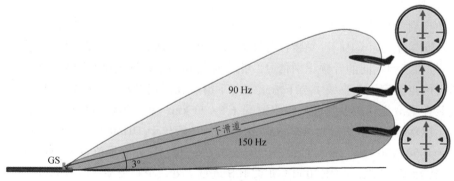

图 5.39　HSI 的下滑偏离指示

ILS 进近的导航操作步骤如下。

（1）确认电台。

ILS 的 LOC 频率与 GS 频率是配对工作的，如果是 ILS/DME 进近，LOC 与 DME 也常常是固定配对的，在开始进近前只需对照航图确认 ILS 的 LOC 频率。因很多跑道的两个方向都安装有 ILS 系统，使用不同的载波频率，因此，要注意用于着陆的跑道方向，切忌认反。

（2）调谐与识别。

先在甚高频导航控制面板上将备用频率调为航向台频率，再切换至使用频率，GS 和 DME 自动完成调谐。如果 ILS/DME 进近中 DME 不与 ILS 固定配套，则 DME 需单独调谐（如果是 VOR/DME，将调谐配套的 VOR，并将 DME 控制盒上的"R_1/R_2"选择开关扳至相应位置）。按下音频控制面板上的"NAV"按钮，收听音频识别信号（三个英文字母的莫尔斯代码）。

（3）选择航道。

转动 OBS 旋钮，使航道指针对准所选航道的度数。使用航道应与跑道着陆方向一致，接收到航道信号后，航道指针指示飞机当前位置与所选航道的偏离情况。如果选择的航道与着陆方向相反，则偏离指示相反，如图 5.40 所示飞机 2（4）和飞机 3（5）。

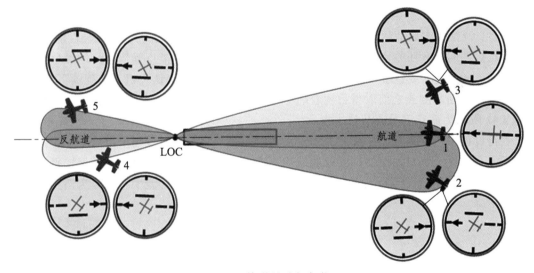

图 5.40　航道的选择与指示

（4）导航。

① 切入 LOC 并保持沿 LOC 飞行。

在切入 LOC 前，按航图标的转弯定位点或雷达引导操纵飞机转弯，根据飞行速度和风向、风速控制转弯率，将飞机转至切入航向。切入角最好在航道左右侧 45° 以内，最大不超过 60°，雷达引导在 30° 内。切入角越大，靠近航道速率越快，进入和改出转弯的时机越不易掌握，但也不宜过小，过小则使切入点移近跑道，五边缩短，飞机不容易稳定在航道上。顺风转弯适当减小切入角，逆风则相反。LOC 的切入过程与切入 VOR 径向线相同，只是要注意 LOC 精度更高，偏离角小于 2.5° 后航道杆开始移动，相同切入角的情况下，航道杆移动快得多，因此更要注意及时转弯，以免跨过航道。另外，飞机通常以平飞姿态切入 LOC，高度应低于切入点的下滑道高度，以便由平飞截获 GS 后平缓过渡到下降。沿 LOC 飞行时，如果有侧风，应注意修正偏流。截获航道的过程和仪表指示如图 5.41 所示。

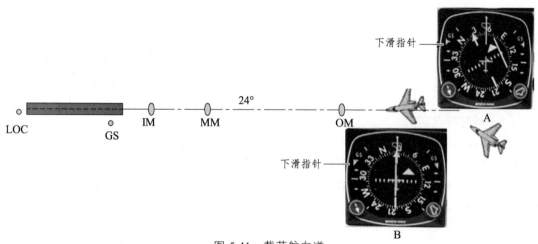

图 5.41　截获航向道

② 截获 GS 并沿 GS 下降。

飞机切入 LOC 后一般保持平飞，根据 GS 指针的移动掌握放轮、放着陆襟翼的时机，例如，距截获还剩一个半点时放轮，剩半个点时放着陆襟翼。调整油门控制好进近速度。下滑道截获后，调整姿态和油门改下降（下降率按航图公布的数据和所飞机型在进近前算出），控制好速度。同时，收听指点标音频信号和指示灯，外、中、内指点标信号灯的颜色分别为蓝色、琥珀色和白色；或查看 DME 距离，对照航图上的高距比确认飞机在正确的下滑轨迹上。如果在到达决断高度或之前取得目视着陆参考，则转为目视导航至着陆，否则执行复飞程序。如图 5.42 所示为截获下滑道及仪表指示。

进近过程中注意最低安全高度的规定。在中间和最后进近航段如果稍低于下滑道，但高于最低安全高度，则只需保持高度就能截获下滑道；如果低于下滑道较多，保持平飞有可能低于最低安全高度，则须使飞机上升一些高度，但飞行轨迹尽可能平缓，因为遇到下滑道后又要改下降。

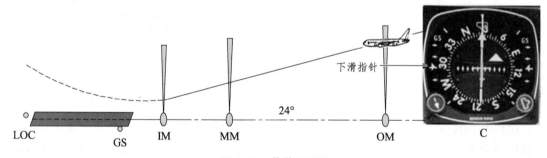

图 5.42　截获下滑道

相关知识：

空中导航分为飞行员自主导航和地面空管雷达引导。

在实施雷达管制的空域，尤其是安装 ILS 系统的机场空域，地面空中交通管制员利用航管监视雷达和无线电通信为飞机作雷达引导，指挥航空器改变航向和高度，使飞机沿最佳线路飞行、避让冲突、绕飞危险天气或特殊空域以及切入预定航道。雷达引导属于被动导航，需要管制员向飞行员报告航空器所在位置。

飞行员自主导航是飞行员利用目视地标、地面无线电台、导航卫星以及机载导航设备确定航空器的位置，使航空器沿预定航线飞行，计算已飞和待飞时间、距离，并为空中交通管制提供依据。除地标罗盘领航外，其余为仪表领航，所依赖的地面电台、卫星、机载仪器和仪表称为导航系统的设施和设备。仪表导航系统分为陆基导航系统、星基导航系统和惯性导航系统，其中惯性导航系统不依赖外部设施。

　　无论哪种领航方式，使航空器进入预定航线、修正航迹最终都要归结到航向的操纵，有以下三个步骤：

　　（1）保持一定航向接近预定航线；

　　（2）判断切入航线的转弯时机，并根据空中风判断转弯后的应飞航向，操纵飞机转到预定航向；

　　（3）保持航向飞行一段时间，判断飞机是否偏离航线。如果偏离，根据偏离角大小确定切入角，调整航向切回。如有必要，重新估算偏流并修正侧风引起的偏航。重复以上步骤，使飞机保持在航线保护区范围内。

　　除以上导航系统外，飞机在目视进近着陆阶段，靠目视地面标志或灯光引导，白天有跑道标志，夜晚有跑道灯和进近灯光系统（包括第 4 章所讲的进近坡度指示灯），用以判断飞机距跑道接地端的距离、对准跑道和判断飞机姿态。如图 5.43 所示，A（单灯）、B（短排灯）为目视和仪表非精密进近灯光系统，C（单灯）、D（短排灯）为 Ⅰ 类 ILS 进近灯光系统，E 为 Ⅱ、Ⅲ 类 ILS 进近灯光系统，中线灯一般要附闪光灯，从最外端至跑道入口按顺序闪光。

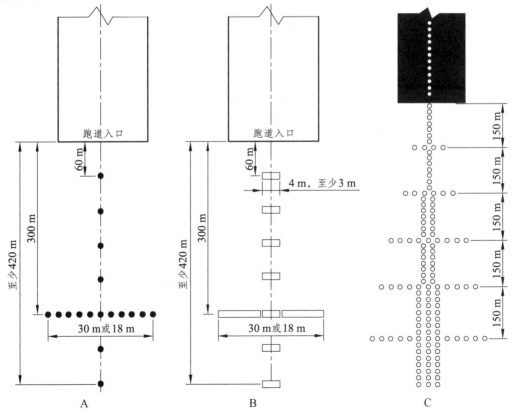

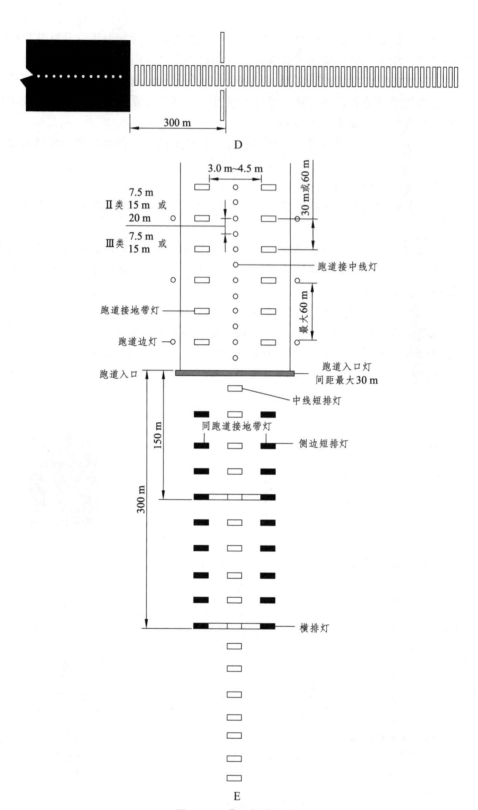

图 5.43　进近灯光系统

第6章 仪表飞行程序

仪表飞行是指利用地面和机载导航设备和仪表判断飞机的位置、飞行轨迹和修正航迹，使飞机沿预定航线飞行。实施仪表飞行程序包括飞行前对有关航图的收集和校对、地图作业、航线研究，制定整个飞行过程中领航及导航设备的使用程序、通信程序，以及空中仪表飞行程序实施。空中仪表飞行程序又分为离场、巡航、进场及进近阶段，本章重点讲解其中较为关键的仪表离场和进场、进近阶段。

6.1 仪表离场程序

离场程序用于飞机起飞后在进近空域内上升高度至某一航路点（通常为区域管制与进近管制等待交接点），分为两种类型：飞行员自主导航离场和管制员雷达引导离场。飞行员自主导航离场又分为按标准离场程序离场和全向离场。飞机上升至过渡高度后须转换高度表的基准气压面，即由修正海平面气压转换至标准气压。

6.1.1 飞行员自主导航离场

1. 按标准离场程序离场

飞机起飞后按相应跑道离场图公布的离场航线飞行，利用机载导航设备严格保持在航线上，并注意起飞爬升阶段的爬升率限制和各航路点的高度限制。此类型离场飞行员与管制员的通话较少，在管制许可中离场程序可用代号表示，如图6.1所示。

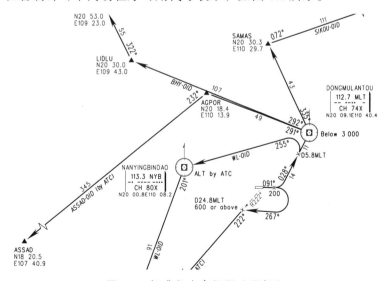

图 6.1 标准仪表离场图（局部）

2. 全向离场

在没有规定标准离场程序的机场，飞行员根据公布的离场资料避开机场周围的障碍物。全向离场公布的资料应有全向离场的限制，以及要避开的扇区表示，或为了安全超障所规定使用的最小转弯高度、飞机的净上升梯度和（或）最低高度的扇区表示。

6.1.2 管制员雷达引导离场

在实施雷达管制的机场空域，飞机起飞后在自主导航前按空中交通管制员指定的航向和高度爬升要求飞往一个航路点，在此点恢复自主导航。此类型可以简化进离场程序和避让飞行冲突，但属于被动导航，在恢复自主领航前管制员需要向机组报告飞机位置。如图 6.2 所示为航管二次雷达进近空域视频图，管制员能以此掌握飞机的位置（图中同心圆）、呼号、机型、高度、地速等信息，从而指挥飞机进/离场。

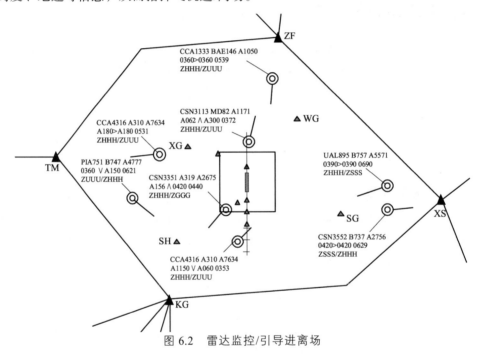

图 6.2　雷达监控/引导进离场

6.2　仪表进近程序

仪表进近程序是飞行员利用地面导航台和机载仪表对准跑道和下降，并对障碍物保持规定的超障余度所进行的一系列机动飞行，由五个航段组成：进场航段、起始进近航段、中间进近航段、最后进近航段和复飞航段。

按进近着陆过程中有无下滑信号引导，仪表进近程序又分为精密进近程序和非精密进近程序。精密进近程序有下滑引导，使用仪表着陆系统（ILS）、微波着陆系统（MLS）或精密进近雷达（PAR），通常是用 ILS，飞机由航向和下滑信号引导下降到决断高度；非精密进近是指利用 NDB、VOR 或 ILS 航向台（下滑台不工作）切入五边对准跑道，按规定的下降率或下降梯度下降到最低高度,如果有合适的 DME,可根据高距比判断飞机的下滑轨迹,因此,非精密进近程序有 NDB 进近、VOR 进近、NDB/DME 进近以及 VOR/DME 进近等类型。

仪表进近程序所使用的航图有进场图和进近图,飞行中应注意各航段的最低安全高度,控制好飞行速度和下降率。

6.2.1 进场航段

进场航段即进场程序,是航线飞行到进近程序的过渡航段,一般在空中交通流量较大的机场设置这一航段,起点为一航路点(通常是区域管制室与进近管制室的交接点),终点为起始进近定位点。进场程序可以是离场图上的标准进场程序,由机长自主领航,使用 NDB、VOR 方位线或径向线、DME 弧线作航迹引导,如图 6.3 所示。在实施雷达管制的机场,也可以由空中交通管制员作雷达引导到切入五边航迹。

飞机从航线或空域进场下降至规定高度(按航图或空中交通管制指挥)过起点,在过起点前收听 ATIS(自动终端情报服务系统,包括天气条件、使用跑道等信息)通播和管制许可指令并记录,对照着陆机场资料进行进场和进近准备,调谐有关的通信和导航频率,在 PFD 上设置预选高度以及最低下降高度(MDA)或决断高度(DA),在 MFD 上调出相应的进近和进场程序,完成进近简述。

在规定的机场空域,下降穿越过渡高度层时转换高度表的基准气压面,即由标准气压转换至着陆机场的修正海平面气压。

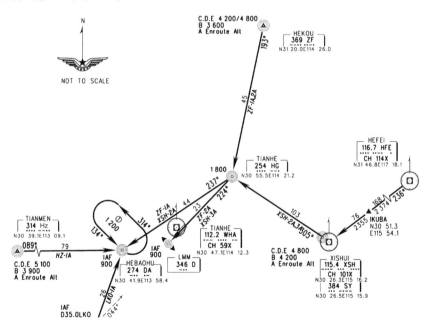

图 6.3 标准仪表进场图(局部)

6.2.2 起始进近航段

起始进近航段由起始进近定位点(IAF)开始,至中间进近定位点(IF)或中间进近点(IP),

或最后进近定位点/最后进近点（FAF/FAP）为止，主要用于飞机下降高度，并通过一定的机动飞行对准中间或最后进近航段。到达起始进近定位点后，通常要放下一定角度襟翼减速，因此，起始进近定位点的速度要受到放襟翼速度的限制，在到达起始进近定位点前，应将飞行速度调至进近速度。机组完成进近简述和进近项目的操作（调混合比、燃油泵等），执行进近检查单。在到达中间进近定位点时下降至规定的高度。

该航段有四种基本模式：直线航线程序、反向航线程序、直角航线程序和推测航迹程序。

1. 直线航线程序

从起始进近定位点起至切入五边航迹的开始转弯点都有航迹引导。如果起始进近航迹在中间进近定位点与中间进近航迹之间的交角不超过 70°，或虽超过 70°小于 120°，但有一条径向线、一条方位线或一条 DME 弧可以提供至少 2 NM 的转弯提前量，可以采用直线航线程序，如图 6.4 所示。ILS 进近的起始进近航迹末端与中间进近航迹交角不超过 90°。

当切入中间进近航迹的转弯角度不超过 70°时，要根据飞行速度和转弯角度掌握转弯提前量，飞行速度越大，转弯角度越大，转弯提前量越大。转弯超过 70°时，要查看航图上提供转弯时机的径向线、方位线或 DME 弧，调谐好电台和仪表，飞行中注意观察仪表变化，防止错过转弯点。

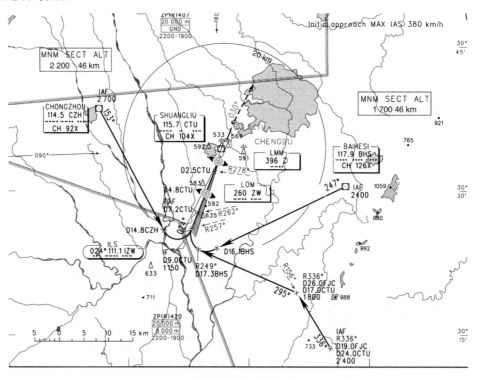

图 6.4　直线和推测航迹程序

2. 反向航线程序

如果起始进近不满足直线进近条件，又不能提供雷达引导，则起始进近航段可使用反向程序。反向程序由定位点、出航航段、入航转弯和入航航段构成。定位点是一个电台或交叉定位点，也是起始进近定位点。入航转弯至入航航段是控制航向切入五边的 IF 对准跑道，入航航段与五边航迹一致，有航向道、径向线或方位线作航迹引导。反向程序有以下三种方式。

（1）基线转弯（修正角程序）。

出航航段和入航航段有航迹引导，作为定位点的起点必须是一个导航台（VOR/DME）。飞机过电台转向沿出航航迹飞行，利用 RMI 或 RBI 做背台飞行的航迹对准，过台即开始计时，按航图给出的时间飞行 1～3 min，或沿出航航迹飞行到达给出的定位点，转向切入向台航迹，按向台飞行对准航迹。切入点往往也是中间进近定位点。在入航转弯过程中根据仪表调整转弯坡度，并修正风的影响，使飞机转弯改出时对准入航航迹并沿入航航迹飞行。

修正角航线的加入方法有两种：

① 扇区进入，以定位点为基准，以出航航向的反方向±30°画出扇区，如果飞机进入落入扇区内，则直接加入修正角航线如图 6.5 所示，如果扇区没有包含入航反方向，则扇区扩散至入航反方向；

② 全向进入，修正角航线航线与等待（直角）航线结合，按加入等待航线的方法加入等待航线，再过渡到修正角航线入航转弯航段，如图 6.6 所示。

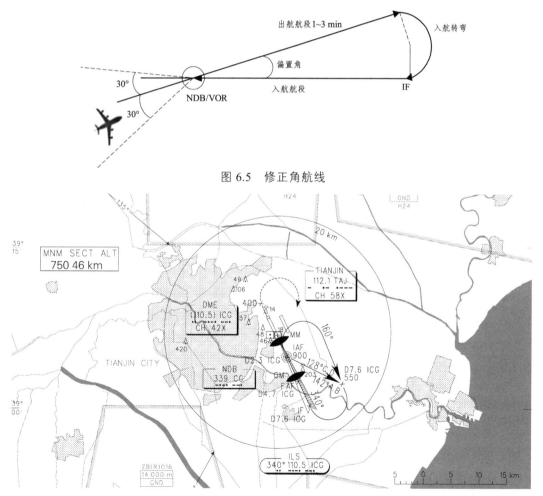

图 6.5　修正角航线

图 6.6　修正角航线与等待航线

（2）45°/180°程序转弯。

飞机过电台或定位点开始计时，沿出航航迹背台飞行 1～3 min（航图给出），有航迹引导，而后向左或右做 45°转弯，保持航向飞行，从开始转弯起计时飞行 60 min（A、B 类飞机）或 75 min（C、D、E 类飞机），再向相反方向做 180°转弯，保持航向接近入航航迹，按切入方位线、径向线或航向道的方法切入向台航迹并沿入航航迹飞行，如图 6.7 所示。如果定位点有等待程序，出航航段的进入也可以采用全向进入的方式。

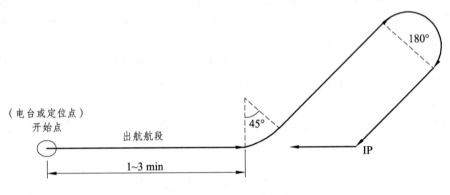

图 6.7　45°/180°程序转弯

（3）80°/260°程序转弯。

飞机过电台或定位点开始计时，沿出航航迹背台飞行 1～3 min（航图给出），而后向左或右做 80°转弯，紧接着向反方向做 260°转弯切入向台（入航）航迹，切入过程中根据仪表调整转弯坡度，并修正风的影响，以使飞机改出转弯时对准向台航迹，如图 6.8 所示。

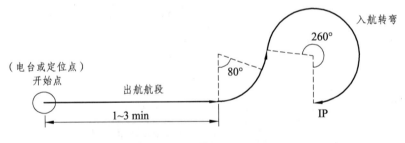

图 6.8　80°/260°程序转弯

3. 直角航线程序

如果直线航段没有足够的距离满足下降高度的要求，又不适于建立反向程序时，可建立直角航线程序。空中交通进近管制排序时，也常利用直角航线程序安排飞机等待，因此直角航线程序也称为等待程序。直角航线程序包括等待定位点、出航转弯、出航航段段、入航转弯和入航航段，等待定位点可以是电台或交叉定位点，入航航迹有电台作航迹引导。飞机过等待定位点后做 180°转弯至出航航向，开始计时，如果定位点是电台，转至出航航向在正切电台前，则保持出航航向至正切电台开始计时，按航图公布的出航时间飞行 1～3 min，或保持出航航向飞至航图公布的定位点，然后再做 180°转弯切入入航航迹。

如图 6.9 所示，飞机可以沿径向线、方位线或 DME 弧飞到定位点，过定位点后按进入航迹所在的扇区用以下三种方式之一进入直角航线程序。

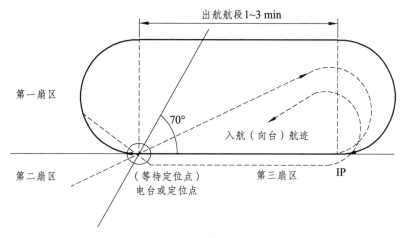

图 6.9　直角航线程序的进入

（1）第一扇区平行进入：飞机到达等待定位点后，转至出航航向飞行适当时间，然后左转（右航线）或右转（左航线切入入航航迹或通过等待定位点，二次通过等待定位点后作正常出航转弯加入直角航线。

（2）第二扇区偏置进入：飞机到达等待定位点后，向直角航线一侧转弯，使飞机航向与入航航迹反方向呈 30°夹角，保持航向飞行适当时间，然后转弯切入入航航迹，第二次飞越等待定位点后作正常出航转弯加入直角航线。

（3）第三扇区直接进入：飞机到达等待定位点后，直接转向出航航迹方向，加入直角航线程序。当进入方向与入航航迹交角在±30°以内时，可先切入向台（入航）航迹，过等待定位点后加入直角航线，这样做可以减小偏差。

在实际飞行中，如果进入方向与向台航迹接近垂直，定位点是电台，还可以用以下两种方法进入等待程序，进入偏差较以上方法小。

（1）飞机从程序一侧进入时，过台后立即向程序一侧转弯，当转弯角度接近 180°时，将转弯坡度减小一半，继续转弯至出航航向。

（2）飞机从非程序一侧进入时，过台前先切入与向台航迹垂直的方位线，过台后平飞一个转弯半径的时间，然后开始转弯至出航航向，出航计时可以从飞机转过约 30°开始。

在很多起始进近定位点（IAF）设有等待程序，以利于进场排序和下降高度，如图 6.10 所示。

另外，如果等待定位点是 VOR/DME 定位点，则入航航迹有径向线引导，出航航段末端有 DME 距离限制和限制径向线，可以沿入航航迹的轴线进入，或沿径向线从出航航段末端定位点进入（进入方向须与出航转弯一致），也可以使用雷达引导在规定的经保护的飞行航径进入。

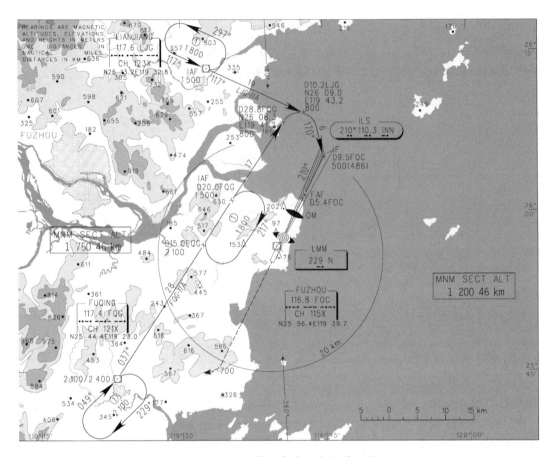

图 6.10 起始进近定位点有等待程序

4. 推测航迹程序

推测航迹程序是在起始进近切入中间进近航段前，采用一段推测航迹，因此该程序包括起始进近第一段和推测航段。起始进近第一段从起始进近定位点（IAF）开始，至推测航段开始的定位点，有径向线或方位线作航迹引导。推测航段由开始定位点至中间进近定位点（IF），无航迹引导，飞机按航图控制航向从 IF 切入五边航迹。按飞机进入方向与着陆方向的关系，推测航迹程序有以下两种方式。

（1）S 形程序：飞机顺向进入时使用该程序，如图 6.11 所示。

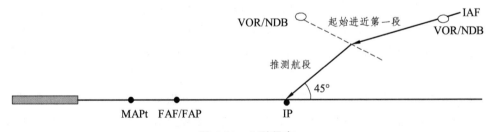

图 6.11　S 形程序

（2）U 形程序：飞机逆向进入时使用该程序，如图 6.12 所示。

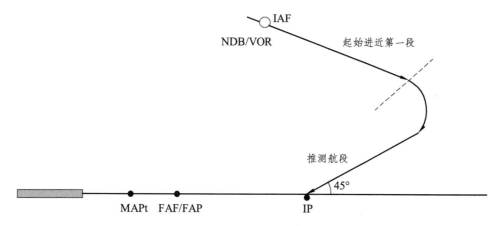

图 6.12　U 形程序

6.2.3　中间进近航段

非精密进近的中间进近航段从中间进近定位点（IF）开始，至最后进近定位点（FAF）终止，通常飞机在中间进近定位点切入五边航迹。ILS 进近的中间航段从切入 ILS 航道的一点（IF 或 IP）开始，至切入下滑道的一点（FAP 最后进近点）。

中间航段比较平缓，用于调整飞机外形、速度和位置，即放襟翼和起落架，对准最后进近航迹。ILS 进近的中间航段通常为平飞段，比下滑道低，便于截获下滑道。

6.2.4　最后进近航段

最后进近航段包括有航迹引导的仪表飞行部分和取得目视参考后的目视进近着陆过程。目视进近着陆过程中，飞机向跑道做直线进入着陆，或向机场做目视盘旋进近。

非精密进近的最后进近航段从最后进近定位点（FAF）开始，至复飞点（MAPt）终止。飞机过最后进近定位点后，按进近图公布的下降率和所飞地速计算下降率，在不能见跑道的情况下，下降至该航段最低安全高度，如果能见跑道，转入目视飞行，根据目视对准跑道和掌握下降梯度，否则保持平飞至复飞点，如果仍不见跑道，则复飞。下降过程中，如果是 NDB/DME 或 VOR/DME 进近，应按进近图给出的 DME 距离和高度的对应值，检查飞机的下降轨迹是否正确，如图 6.13 所示；如果没有合适的 DME 台，则按计算出的下降率下降。

ILS 进近的最后进近航段称为精密航段，从最后进近点至复飞最后阶段的开始点或复飞爬升面到达 300 m 高的一点终止（以距入口较近者为准），包括最后进近下降过程和复飞的起始与中间阶段。飞机在中间进近航段对准航向道信号平飞，观察仪表 HSI 或下滑指示器的下滑指针，当下滑指针指示飞机截获下滑道时（通常在外指点标前附近），飞机改下降。下降过程中，应在指点标处检查飞机的高度，确认下滑信号是否可靠；如果有与 ILS 配合的 DME，如图 6.14 所示，则按 ILS/DME 进近图给出的 DME 距离和高度的对应值检查。内指点标处下滑道的高度通常就是飞机的决断高度，在下降到决断高度之前，如果能目视跑道标志或规定的灯光设施（夜间），转为目视飞行，否则执行复飞程序。

过最后进近定位点后，完成五边操作项目（开着陆灯和滑行灯、放襟翼，等），执行五边检查单。

目视进近着陆的操纵同第4章所述起落航线五边上的操纵。

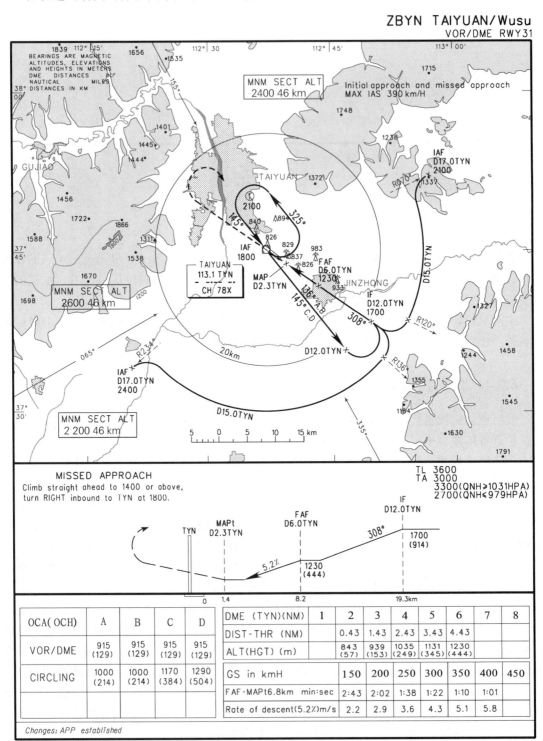

图 6.13　VOR/DME 进近图（参考）

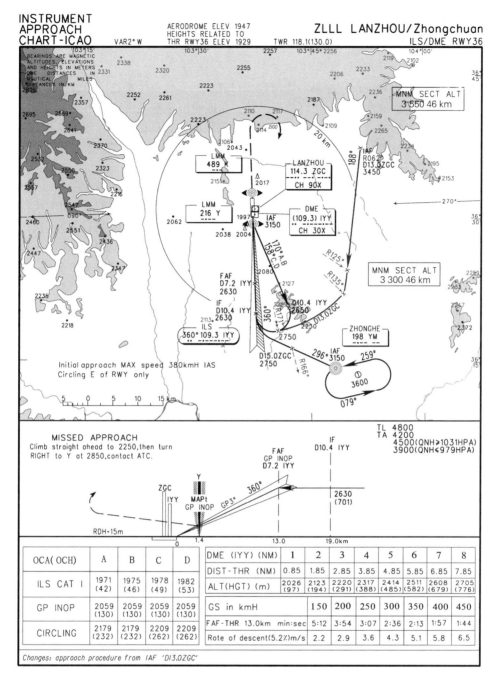

图 6.14　ILS/DME 进近图（参考）

6.2.5　复飞航段

进近图中，每一个仪表进近程序都有复飞航段，复飞的原因及操作同第 4 章所述。飞机复飞后根据空中交通指挥，按规定的上升梯度和超障余度上升到指定高度，自主导航或由雷达引导飞向指定点，或加入目视起落航线，再自主导航或由雷达引导做再一次进近，或回到航线返航或备降。

相关知识：

1. 飞行检查单

飞行检查单是机组对飞行程序每一个阶段项目完成后，对一些重点项目做进一步检查，以确认每一阶段动作的准确性。执行飞行检查单时，在地面由左座飞行员提出要求，右座飞行员读；在空中有操纵飞机的飞行员提出要求，不操纵飞机的飞行员读。检查单的使用时机如下。

（1）座舱检查单：机组成员完成各自的准备内容，飞机和座舱检查完好，机组成员到齐，完成飞行前一切准备，即可执行。

（2）开车前检查单：得到地面管制允许开车指令，机组完成开车前准备工作，即可执行。

（3）开车后检查单：发动机按启动程序启动后，完成开车后操作项目，即可执行。

（4）滑行检查单：取得滑行许可后在滑行过程中，完成滑行操作项目，即可执行。

（5）起飞前检查单：飞机滑进跑道对正起飞方向，完成起飞操作项目，即可执行。

（6）起飞后检查单：飞机正常起飞，完成起飞后操作项目，飞机穿越 600 m 或过渡高度，高度表按规定拨正，即可执行。起飞后检查单是单向的，只需轻读，但高度这一项朗读由操纵飞机和不操纵飞机的飞行员分别做出回答。

（7）进近检查单：收到降落机场发出的进场、着陆信息，完成下降操作项目，飞机穿越过渡高度层，高度表气压调整为 QNH 后，方可执行。进近检查单是单向的，只需轻读。

（8）着陆检查单：飞机进入五边，完成五边操作项目，即可执行。目视进近高度下降至 150 m，仪表进近高度下降至 300 m，仍未完成着陆检查单，飞机不得继续进近。

（9）关车前检查单：完成关车前项目的所有操作，飞机滑至停机位前，即可执行。

（10）关车后检查单：发动机关车，完成关车后的所有操作项目后，即可执行。

（11）停转后检查单：发动机停转后，完成停转后所有操作项目，即可执行。未完成停转后检查单，机组成员不得离开各自岗位。

2. 飞行简令

飞行简令是执行飞行计划关键阶段的最简单的表达形式，包括离场和进近简令。简令的每一句代表一个或多个动作。飞行简令由操纵飞机的飞行员拟定并口述，机组全体成员听讲。对有错误或缺陷的指令，机组成员有责任进行纠正或补充，最后由机长批准后才能执行。

离场简令包括① 使用的跑道，预期的滑行路线；② V_1、V_R、V_2 速度数据；③ V_1 后发动机故障的处置程序；④ 离场程序及管制部门的特殊要求；⑤ 通信和导航设备的配置；⑥ 特殊天气条件起飞的注意事项及措施；⑦ 需要通报的特殊情况。

进近简令包括① 扇区最低安全高度；② 进场航线和方法；③ 进近程序和方法；④ 仪表进近起始高度、中间高度和最后高度；⑤ 最低下降高度/决断高度；⑥ 使用的跑道及其长度、标高、状态（干、湿、积水、积雪），预期滑行路线；⑦ 机组着陆最低天气标准；⑧ 复飞程序；⑨ 进近灯光和跑道灯光；⑩ 特殊天气的注意事项；⑪ 着陆机场的特殊要求；⑫ 使用的导航设备和计算通导设备的设置。

6.3 仪表飞行程序实例

本节选取一些典型的课堂练习讲解仪表飞行程序的实施，包括离场、进场、进近和转场程。为适合高度表的使用，将航图中以米为单位的高度转换为以英尺为单位，除标高（软件中的标高可能与航图不一致，以软件为准）外，飞行高度按千英尺向上取整，这也符合空中交通的高度层配备规定。

6.3.1　仪表离场程序

练习 1：天河机场 04 跑道起飞，加入 XSH-01D 标准离场程序飞到 XSH（进近管制与区域管制的交接点，从此点加入计划航线飞往 HEFEI。地面运行阶段可省略）。

（1）训练环境：04 跑道磁航向 44°，入口标高 112 ft（34 m），机场标高：112 ft（34 m），能见度与云底高满足该机场双发飞机起飞最低标准，修正海压 29.5 inHg，地面风 360°，5 m/s。训练机型：Beech Baron 58，机型参数见附录 6。练习所需航图：天河机场（ZHHH）04 跑道标准仪表离场图，如图 6.15 所示。

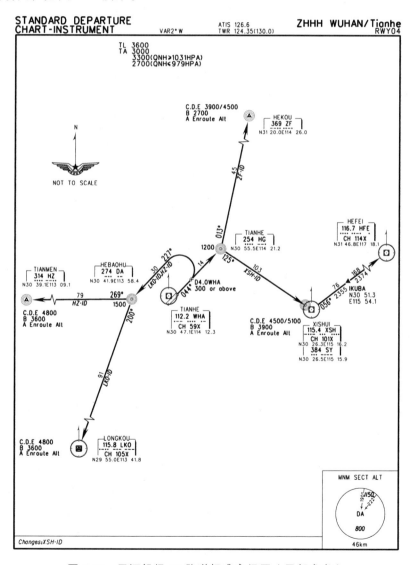

图 6.15　天河机场 04 跑道标准离场图（局部参考）

（2）练习分析。

地面风为左逆侧风，逆风分量≈与顺风分量≈3.5 m/s，随着高度的增加，侧风分量会增大（北半球摩擦层中风随高度的变化规律）。XSH-01D 标准离场程序共有两条航段。

第一条航段是从 ZHHH04 跑道起飞到 HG（天河）NDB，该航段长度 14 km，磁航线角为 044°，与跑道磁方向相同，即 HG 电台位于 04 跑道中线延长线上，起飞后切入 HG 044°方位线，修正侧风向台到达 HG 电台上空，高度上升到不低于 4 000 ft（1 200 m）。根据 Beech Baron 58 起飞最大上升角和最大上升率速度，可以按平均 180 km/h 计算，14 km 约飞行 4.6 min，上升率≥870 ft/min（4 000/4.6）即可满足要求。在该航段飞行的距离近似于 HG 与 WHA（VOR/DME）的距离，可用 WHA 辅助定位。HG 位于 XSH 125°径向线上，可用飞机到达该径向线判断过台。如图 6.16 所示。

第二条航段总长 103 km，航线角为 125°，到 XSH 上升到指定的 B 类飞机高度 13 000 ft（3 900 m），按正常上升率即可达到。可用的导航设施有 HG NDB 和 XSH VOR/DME（SY 台已停止使用）。在 HG 台上空即可切入 XSH 125°径向线向 XSH 台飞行。也可使用 HG 辅助导航检查航迹，沿 HG 125°方位线背台飞行，但随着距离增加，导航信号会越来越弱，而 XSH 信号越来越强，导航精度也相对较高，并且可以使用自动导航，飞行员的操作负担减轻，位置判断更加准确方便，如图 6.17 所示。

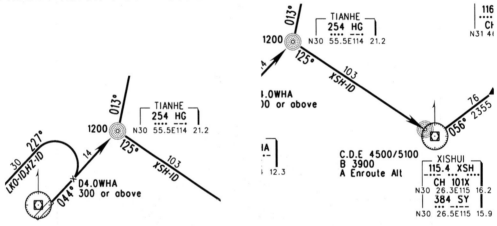

图 6.16　XSH-1D 离场航段 1（参考）　　　　图 6.17　XSH-01D 离场航段 2（参考）

（3）地面导航准备。

航段 1：HG 的频率为 254 kHz，WHA 的频率为 112.2 MHz，在 ADF 控制面板上调谐使用频率 254 kHz，按下音频控制板的"ADF"按钮，收听音频莫尔斯代码确认接收到 HG 的信号，如果收到，检查 RMI（ADF 指针）是否指示正常。在第二部 VHF 电台（NAV2，关联 RMI）控制板上调谐 112.2 MHz 并设为使用频率，并按下音频控制板的"NAV2"进行音频识别，DME 信号源转换开关置 R2。在地面上可能暂时接收不到信号，到空中再注意收听和观察。

航段 2：该航段使用的导航设施主要为 XSH VOR/DME，其 VOR 的频率为 115.4 MHz，机载接收设备使用第一部 VHF 电台（NAV1，关联 HSI，可与自动驾驶仪的导航功能关联）。在 NAV1 控制板上调谐 115.4 MHz，并设为使用频率，按下音频控制板的"NAV1"进行音频识别，在 HSI 上调航道指针指示 125°；备用频率调 116.7 MHz（HEFEI VOR）。航段 2 可以查看距离 XSH 的 DME 距离（判断过台时机或空中交通管制需要），过 HG 后把 DME 的转换开关置 R1。

因此，起飞前导航和仪表的准备应如图 6.18 所示。

图 6.18　XSH-01D 起飞前仪表设置

（4）飞行实施。

进入练习操纵界面后（可省略地面运行阶段，将飞机置于跑道头并对准跑道，设置停留刹车或冻结），按照检查单完成起飞前的设置和检查：① 动力系统；② 电子电气设备；③ 导航系统；④ 起飞构型（0°襟翼，起落架放下锁好，三个绿灯亮）；⑤ 高度表基准气压面 29.5 inHg，高度表指示跑道入口标高加座舱高 120 ft；⑥ 在自动驾驶仪上设目的高度 13 000 ft，上升率 900 ft/min，航向选择游标初始设置 44°。

Beech Baron 58 机型起飞功率为满功率，对正跑道，柔和加满油门，尽量沿跑道中线滑行，注意观察空速表的变化，V_1=85 kn，V_R=90 kn，到达 V_R 时抬前轮，保持+8°～10°上升姿态，上升率稳定为正值时收起落架，离地 1 000 ft 以上可以接通自动驾驶仪，选择高度和航向方式。收到和识别 HG 信号后，根据 RMI 的 ADF 指针（黄色细指针）判断飞机与预期航迹的偏差，尽早切入 HG 044°方位线向 HG 台飞行。距离 XSH 125°径向线 10°前，查看 DME 判断与 HG 的距离。距离 XSH 125°径向线 10°后，HSI 的航道偏离指示杆向表的中间移动，结合对 ADF 指针和 DME 的观察适当调整航向，到达 HG 上空后切入 XSH 125°径向线进入航段 2 的飞行，可接通自动驾驶仪的 NAV 方式，DME 选择开关置 R1。到达 HG 前还要注意查看高度表和速度表，根据需要调节上升率和发动机功率，防止失速，确保到达 HG 时高度不低于 4 000 ft。在航段 2 的飞行过程中，飞机到达 10 000 ft 设高度表基准气压面 29.9 inHg，到达 13 000 ft 改平，调节发动机至巡航功率。过 XSH 后，进入航线飞行阶段，将 NAV1 的备用频率转换成使用频率，调航道选择指针指示 56°，切入 XSH（或 HFE）56°径向线飞往 HEFEI，听空管指挥上升高度。

练习 2：LKO-01D 标准离场程序。起飞后保持航向 44°或切入 HG44°方位线，距离 WHA 4 NM 时，高度不低于 1 000 ft（300 m），左转切入 DA227°方位线，沿航线飞行到达 DA 高度不低于 5 000 ft，在 DA 上空切入 LKO200°径向线，沿航线飞行到达 LOK（进近与区域管制的交接点），高度 12 000 ft（3 600 m）。

6.3.2　仪表进近程序

1. NDB/DME 进近

练习 1：飞机从 XSH 台加入 XSH-3A 进场程序，XSH 上空高度 14 000 ft（4 200 m），到

达 D（NDB）下降高度至 3 000 ft（900 m），建立 ZHHH 04 号跑道 NDB/DME 进近程序。

（1）训练环境：04 跑道，跑道磁方向、机场标高与跑道入口标高同离场程序，能见度 4.8 km，修正海压 29.5 inHg，地面静风。训练机型：Beech Baron 58，机型参数见附录 6，起始高度 14 000 ft。练习所需航图：ZHHH04 跑道标准仪表进场图，04 跑道 NDB/DME 进近图，如图 6.19 所示。

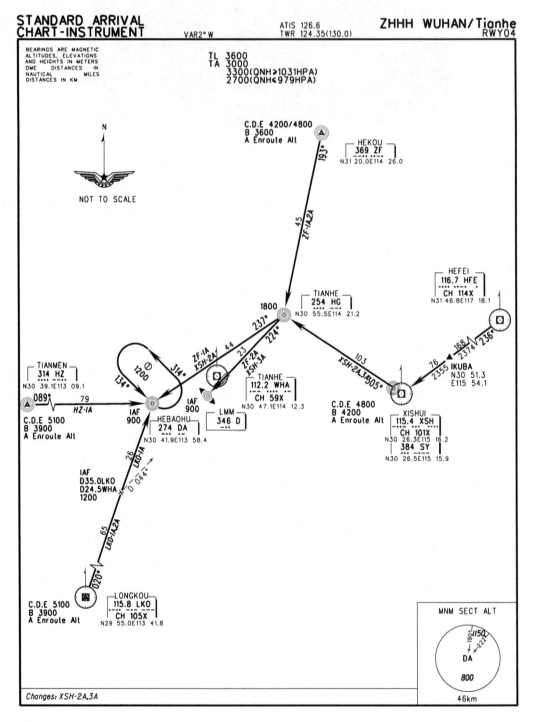

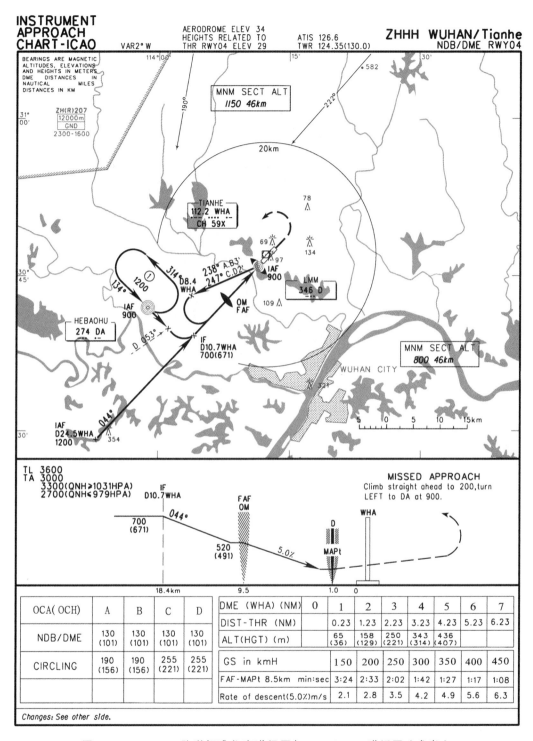

INSTRUMENT
APPROACH
CHART-ICAO
VAR2° W
AERODROME ELEV 34
HEIGHTS RELATED TO
THR RWY04 ELEV 29
ATIS 126.6
TWR 124.35(130.0)
ZHHH WUHAN/Tianhe
NDB/DME RWY04
BEARINGS ARE MAGNETIC
ALTITUDES, ELEVATIONS
AND HEIGHTS IN METERS
DME DISTANCES IN
NAUTICAL MILES
DISTANCES IN KM
ZH(R)207
12000m
GND
2300-1600
MNM SECT ALT
1150 46km
190°
222°
20km
TIANHE
112.2 WHA
CH 59X
LMM
346 D
IAF
900
HEBAOHU
274 DA
314°
134°
1200
238° A.B3'
247° C.D2'
D8.4
WHA
OM
FAF
D 053°
IF
D10.7WHA
700(671)
MNM SECT ALT
800 46km
WUHAN CITY
IAF
D24.5WHA
1200
044°
5 0 5 10 15km
TL 3600
TA 3000
3300(QNH≥1031HPA)
2700(QNH≤979HPA)
IF
D10.7WHA
044°
700
(671)
FAF
OM
520
(491)
5.0%
D
MAPt
WHA
MISSED APPROACH
Climb straight ahead to 200,turn
LEFT to DA at 900.
18.4km
9.5
1.0
0

OCA(OCH)	A	B	C	D
NDB/DME	130 (101)	130 (101)	130 (101)	130 (101)
CIRCLING	190 (156)	190 (156)	255 (221)	255 (221)

DME (WHA) (NM)	0	1	2	3	4	5	6	7
DIST-THR (NM)		0.23	1.23	2.23	3.23	4.23	5.23	6.23
ALT(HGT) (m)		65 (36)	158 (129)	250 (221)	343 (314)	436 (407)		

GS in kmH	150	200	250	300	350	400	450
FAF-MAPt 8.5km min:sec	3:24	2:33	2:02	1:42	1:27	1:17	1:08
Rate of descent(5.0%)m/s	2.1	2.8	3.5	4.2	4.9	5.6	6.3

Changes: See other side.

图 6.19　ZHHH04 跑道标准仪表进场图与 NDB/DME 进近图（参考）

（2）练习分析。

① 水平导航。

练习开始前，可将飞机置于 XSH 附近右侧，初始航向不要与进场航线 306°相差太大（切入角<60°）；从初始位置到 XSH 台可利用 RMI 直飞：NAV2 调谐使用频率为 115.4 MHz，利用 RMI 的 VOR 指针判断 XSH 台的方位，调整航向，保持指针指向正前方，即与航向指针对齐，机头则始终对准导航台，通过指针变化判断是否通过 XSH 台上空（可结合 DME 判断），如图 6.20 所示。

图 6.20　VHF NAV 设置及 RMI 指示

a. 进场航段。XSH-3A 进场程序（见图 6.21），即从 XSH 电台到起始进近定位点 D 电台之间的航段，可以分为两条航段：航段 1 全长 103 km，从 XSH VOR/DME 沿 306°径向线到 HG NDB；航段 2 全长 23 km，从沿 HG 224°方位线到 D NDB 加入反向进近程序。航段 1 使用 XSH 台（主用）和 HG 导航（辅助），调谐 NAV1 的使用频率为 115.4 MHz，DME 设置 R1，ADF 调谐 254 kHz，结合 HSI、RMI（ADF 指针）等仪表，操作比较简便直观，导航精度较高；航段 2 由两个 NDB 电台组成，过 HG 后可以沿 224°方位线向 D NDB 飞行，调谐 ADF 频率为 346 kHz，便于后续的操作。

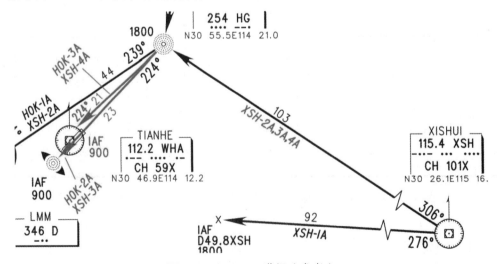

图 6.21　XSH-3A 进场（参考）

b. 起始进近航段。由 IAF 到 IF 之间的航段，飞机过 D 台后加入反向程序，先沿 234°（B 类飞机）方位线背 D 台飞行，在背台航迹上距 WHA VOR/DME 10.6 NM 的位置（D10.6 WHA）左转至航向 134°，进入 D 台方位线 053°（D 053°）时（即 QDM=053°）继续左转切入 D 044° 方位线，即 04 跑道五边向台航迹。根据以上分析，该航段的导航设置为 ADF 调谐 D 的频率 346 kHz，NAV2 调谐使用频率为 WHA 的 112.2 MHz，DME 设置 R2，如图 6.22 所示。

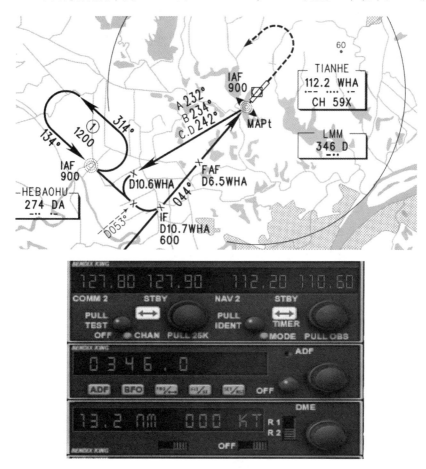

图 6.22　起始进近航段导航设置（参考）

　　c. 中间进近航段。IF 和 FAF 两个定位点之间的航段，即沿 044°方位线向 D 台飞行，RMI 的 ADF 指针指示 QDM=044°，发现航迹偏差应及时修正，如图 6.23 所示。

图 6.23　中间进近航段仪表指示

d. 最后进近航段，由 FAF 到 MAPt（D 台），导航方法同中间进近航段。

e. 复飞航段。根据航图公布的复飞程序，复飞后直线上升到 200 m 以上，左转直飞 DA，继续上升到 900 m，加入 DA 上空的等待程序，或听从管制员指挥。

② 飞行剖面。

练习开始时飞机在航路上，飞行高度为标准气压 14 000 ft（4 200 m），过 XSH 后下降高度，通过 12 000 ft（3 600 m）后高度表基准气压面拨正到修正海压 29.5 inHg。注意过天河 NDB 的高度不得低于 6 000 ft（1 800 m），过 HG 后下到起始进近高度为 3 000 ft（900 m），如图 6.24 所示。

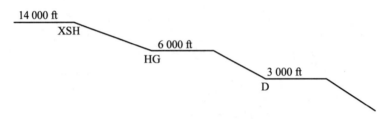

图 6.24　进场航段飞行剖面

如图 6.25 所示，起始进近航段的最低下降高度是 2 000 ft（600 m），中间进近航段保持 2 000 ft 平飞。过 IAF（D）后可以开始下降到 2 000 ft 并保持，一直到过 FAF。过 FAF 后沿 5.2% 的下降梯度下降，按照 Beech Baron 58 机型最后进近阶段的飞行速度 100 kn 计算，这时应该保持的下降率约为 530 ft/m，04 跑道 NDB/DME 进近的最低下降高度（MDA）为 400 ft（120 m），即在最后进近阶段，如果下降到 400 ft 不能建立目视参考以对准跑道和下降，则应保持 400 ft 平飞到复飞点（D），仍不能建立目视参考（按能见度设置，可以看见跑道），则执行复飞程序。

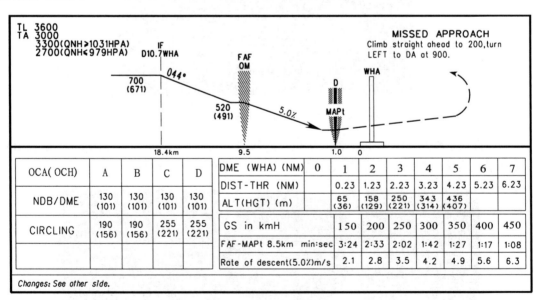

图 6.25　进近剖面（参考）

（3）飞行实施。

进入操纵界面后进行练习的初始设置：① 发动机设置巡航功率，速度 150 kn（小于放襟翼速度 152 kn）；② 飞行高度 14 000 ft，高度表基准气压面设 29.9 inHg；③ NAV1 与 NAV2 的使用频率均为 115.4 MHz，NAV2 备用频率 112.2 MHz，DME 置 R1，调 HSI 航道选择指针指示 306°，ADF 使用频率调谐 HG 的频率 254 kHz。

过 XSH 后切入 XSH 306°径向线，加入进场航段 1 沿航线飞行，下降到 6 000 ft 改平飞至 HG，通过 12 000 ft 后调高度表基准气压面 29.5 inHg，通过 DME 判断飞机与 HG 电台的距离，保持速度 150 kn 左右，观察 DME 和 RMI 的 ADF 指针判断是否过 HG 台。

过 HG 后切入 HG 224°方位线，换 ADF 使用频率为 346 kHz（D 台），沿 224°方位线（HG 与 D 的 224°方位线是重合的）向台飞行，继续下降到 3 000 ft（900 m）至 D，NAV2 使用频率切换成 112.2 MHz（WHA），DME 置 R2。

过 D 后右转加入 234°的背台航迹，放襟翼到进近位（注意放襟翼限制速度），调速至 120 kn，下降到 2 000 ft（600 m）保持，通过 ADF 仪表和 DME 读数判断飞机在出航边上的位置。

到转弯点（出航边距 WHA 电台 10.6 NM）左转（注意转弯方向操作）飞航向 134°，根据 RMI 的 ADF 指针判断飞机与五边航迹的偏差，进入 D 相对方位线 053°时左转切入五边，建立 044°向台航迹，通过 DME 判断飞机在五边上的位置，确定是否过 IF。放起落架，调速至 110 kn。

过 FAF 后放襟翼到着陆位，调速 100 kn，以 530 ft/m 的下降率下降，过 FAF 后按照进近剖面图提供的高度和距离的对应值检查和调整飞机的下降角（通过调整下降率）。注意寻找飞机进近着陆的目视参考，建立目视参考后可以转为目视进近，如下降到 400 ft 至复飞点仍不能建立目视参考，立即执行复飞程序。

练习 2：参考练习 1 的方法，由 ZF、TM、LKO 方向加入相应的进场程序并建立 04 号跑道 NDB/DME 进近。

2. VOR/DME 进近

练习 1：飞机从 XSH 台加入 XSH-1A 进场程序，飞往起始进近定位点 IAF（距离 XSH49.8 NM），在此点加入 ZHHH 机场 04 号跑道 VOR/DME 进近程序。

（1）训练环境：着陆机场和使用跑道同前面练习，能见度设 5 km，修正海压 29.3 inHg，地面静风。训练机型：Beech Baron 58，机型参数见附录 6。起始高度 14 000 ft（4 200 m）。练习所需航图：ZHHH04 跑道标准仪表进场图，04 跑道 VOR/DME 进近图。

（2）练习分析。

① 水平导航。

a. 进场航段：XSH-1A 进场，如图 6.26 所示，该航段从 XSH 电台到起始进近定位点（IAF D49.8 XSH），航段总长 92 km，航线角为 276°，与 XSH 276°径向线重合。使用 XSH 导航，使飞机沿 XSH 276°径向线背台飞行，并通过 DME 检查是否到达 IAF。

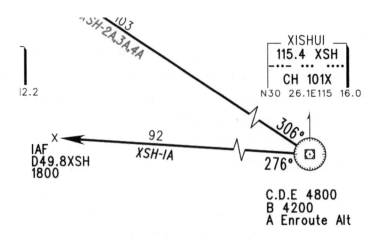

图 6.26 XSH-1A 标准进场（参考）

　　b. 起始进近航段（见图 6.27）。从 IAF 到 IF 的航段，航段两端都是 VOR/DME 交叉定位点，使用不同的导航设施，IAF 的定位使用 XSH，而 IF 的定位使用 WHA，所以在由起始进近航段过渡到中间进近航段时一定要做好导航信号源的切换，以及导航仪表的正确设置。需要注意 IAF 和 IF 之间还有两个定位点，采用交叉定位的方法，两个定位点分别位于 XSH 276°径向线和 WHA194°及 211°径向线的交叉点上，可以对航迹进行交叉检查。

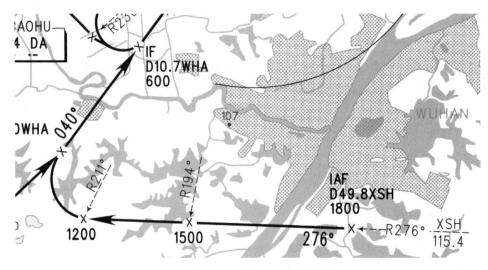

图 6.27　04 跑道 VOR/DME 进近起始进近航段（参考）

　　c. 中间进近航段，从 IF 沿 WHA 040°径向线飞行，直到 FAF（D6.5WHA）。
　　d. 最后进近航段，保持 WHA 040°航道到复飞点 MAPt（D1.3WHA）。
　　e. 复飞航段。根据航图公布的复飞程序，过 MAPt 直线上升到 660 ft（200 m）以上，左转直飞 DA，继续上升到 3 000 ft（900 m），加入 DA 上空的等待程序，或听从管制员指挥。中间进近航段、最后进近航段、复飞航段如图 6.28 所示。

　　WHA 040°径向线并不与跑道中线延长线重合，而是有 4°的夹角在五边相交。IF、FAF、MAPt 的定位都是依靠 WHA VOR/DME 完成。

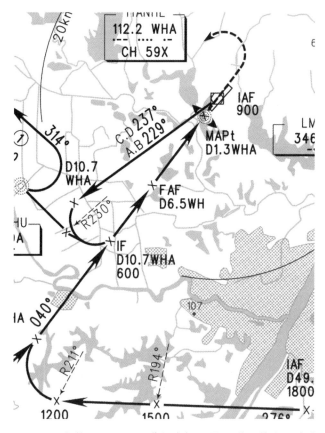

图 6.28 04 跑道 VOR/DME 进近中间及最后进近航段（参考）

② 飞行剖面。

练习开始时飞机在航路上，过 XSH 时飞行高度为标准气压 14 000 ft（2 400 m），过 IAF 下降到起始进近高度 6 000 ft（1 800 m），通过 12 000 ft（3 600 m）后调高度表基准气压面 29.3 inHg。航图中，IAF 和 IF 之间的两个定位点有最低安全高度限制，分别是 5 000 ft（1 500 m）和 4 000 ft（1 200 m），需要严格把握，但高度也不能太高，否则会影响后面的下降要求。IF 的高度为 2 000 ft（600 m），即起始进近航段的最低下降高度，IF 与 FAF 之间是 2 000 ft 平飞航段，过 FAF 后按 5.2% 的下降梯度下降（下降率的计算同 NDB/DME 进近）。最后进近航段的最低下降高度为 430 ft（130 m），如果下降到 430 ft 仍不能建立目视参考，则应保持 400 ft 平飞到复飞点。如图 6.29 所示为进场（上半图）和进近（下半图）航段飞行剖面。

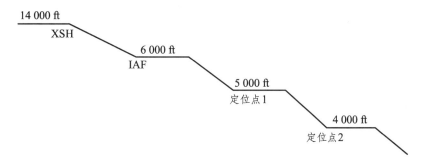

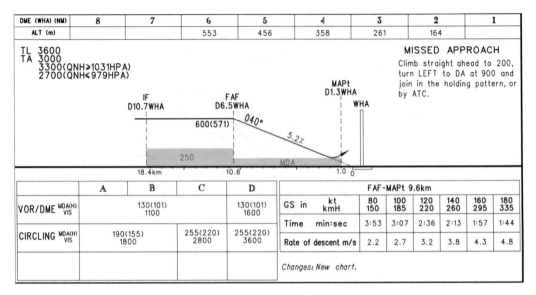

图 6.29　进场及进近飞行剖面（参考）

（3）飞行实施。

进入操纵界面后进行练习的初始设置：① 发动机设置巡航功率，速度 150 kn（小于放襟翼速度 152 kn）；②飞行高度 14 000 ft，高度表基准气压面设为 29.9 inHg；③ NAV1 的使用频率设为 115.4 MHz，备用频率 112.2 MHz，DME 置 R1，调 HSI 航道选择指针指示 276°，NAV2 的使用频率设为 112.2 MHz。

过 XSH 后加入进场航段，切入 WHA276°径向线沿航线飞行，高度下降到 6 000 ft（1 800 m）平飞（注意高度表拨正），保持速度 150 kn 左右，做好过 IAF 后的准备工作。

过 IAF 后，继续下降高度，放襟翼 APR 位，检查 RMI，过 WHA194°径向线（定位点 1）时高度不低于 5000 ft（1 500 m）。过定位点 1 后继续下降，过 WHA194°径向线（定位点 1）时高度不低于 5000 ft（1 500 m）。过 WHA211°径向线（定位点 2）时高度不低于 4 000 ft（1 200 m），切换导航信号，调 HSI 航道选择指针指示 040°，DME 置 R2，右转切入 WHA 040°航道，继续下降到 2000 ft（600 m）至 IF，放轮，保持平飞直到过 FAF 改下降，放襟翼至 DN 位，调速至 100 kn，继续沿 040°航道飞行，以 5.2%下降梯度继续下降，并按进近剖面图中提供的高度和 DME 对应值检查和调整飞机的下降角。建立目视参考后转为目视进近，否则下降到 430 ft（130 m）至复飞点，如果仍不能建立目视参考，则立即执行复飞程序。

练习 2：从其他几条进场程序进场，建立 ZHHH 04 跑道 VOR/DME 进近程序。

3. ILS/DME 进近

练习：飞机从 LKO 加入 LKO-1A 标准进场程序，沿航线飞行至 DA，在 DA 加入 ZHHH 04 跑道 ILS/DME 进近程序。

（1）训练环境：着陆机场与跑道同前面练习，能见度设 3 km，修正海压 29.3inHg，地面静风。训练机型：Beech Baron 58，机型参数见附录 6，过 LKO 高度 13 000 ft（3 900 m）。练习所需航图：ZHHH04 跑道标准仪表进场图，04 跑道 ILS/DME 进近图（见图 6.30）。

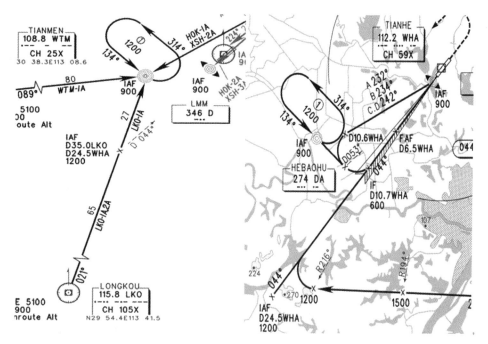

图 6.30　04 跑道 LKO-1A 进场及 04 跑道 ILS/DME 进近图（局部参考）

（2）练习分析。

① 水平导航。

a. 进场航段是从 LKO（VOR/DME）到 IAF（DA）之间的航段，航段总长 92（65+27）km，航线角为 021°，主要使用 LKO 导航，并调谐 ADF 使用频率 274 kHz（DA），为加入进近程序做好准备。导航设置如图 6.31 所示。

图 6.31　进场航段导航设置

b. 起始进近航段。从 DA 到 IF，该航段包括一个直角航线程序。从进场航段的航线角判断，飞机应由第二扇区偏置加入直角航线程序（飞行方法参照第 6.2.2 节中的"直角航线程序"），第三次过 DA 后沿 DA 134°方位线背台飞行至转弯点（D 053°方位线），左转切入 04 跑道 ILS 航向道。

c. 中间进近航段，是沿航向道从 IF（D10.7WHA）到 FAF（D6.5WHA）之间的航段。通过 HSI 航道指示和与 WHA 的 DME 距离可以判断飞机是否达 IF 和 IAF。

d. 最后进近航段，从 FAF 到 MAPt（D1.3WHA）之间的航段。

e. 复飞航段。根据航图公布的复飞程序，决定复飞后应直线上升到 200 m 以上，左转直飞 DA，继续上升到 3 000 ft（900 m），加入 DA 上空的等待程序，或听从管制员指挥。

中间进近航段、最后进近航段、复飞航段如图 6.32 所示。

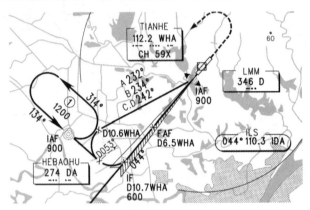

图 6.32　中间及最后进近航段（参考）

② 飞行剖面。飞机过 LKO 时高度为 13 000 ft（3 900 m），过 LKO 下降高度，通过 12 000 ft（3 600 m）设置 QNH29.3 inHg，距离 LKO 35.0 NM 时不低于最低安全高度 4 000 ft（1 200 m），最后一次过 DA 的高度为 3 000 ft（900 m），然后下降到 2 000 ft（600 m）改平，保持 600 m（2 000 ft）至截获下滑道，改沿下滑道下降，如图 6.33 所示。

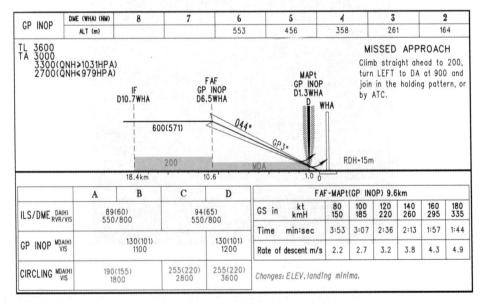

图 6.33　ILS/DME 进近剖面（参考）

（3）飞行实施。

进入操纵界面后进行练习的初始设置：① 发动机设置巡航功率，速度 150 kn（小于放襟翼速度 152 kn）；② 飞行高度 13 000 ft，高度表基准气压面设为 29.9 inHg；③ NAV1 的使用频率设为 115.8 MHz（LKO），备用频率为 110.3 MHz（ILS/IDA），DME 置 R1，调 HSI 航道选择指针指示 021°，NAV2 的使用频率设为 112.2 MHz（WHA），ADF 使用频率设 274 kHz（DA）。

从飞机的初始位置利用 HSI 直飞 LKO，过台后根据仪表指示截获 LKO 021°航道沿航线背台飞行，下降到高度 4 000 ft（1 200 m），过 D35.0WHA 后可以下降到 3 000 ft（900 m）平飞（下方无飞行冲突，否则保持 4 000 ft 到 DA 上空盘旋等待），同时利用 DME 和 RMI 进行交叉检查，做好过台准备。

过 DA 后利用 RMI（ADF 指针）加入直角航线程序，放襟翼到 APR 位，调速到 120 kn，第三次过 DA 后沿 DA 134°方位线背台飞行，设 ADF 使用频率为 346 kHz（D），将 NAV1 的备用频率切换为使用频率，调航道选择指针指示 044°，DME 置 R2，下降到 2 000 ft（600 m）改平。

通过 RMI（ADF 指针）判断通过 D 台 053°方位线，根据 HSI 指示左转切入 04 号跑道 ILS 航向道，通过 HSI 和 DME 判断飞机在五边的位置。观察 HSI 下滑指针，离中间 1 个半点时放轮，调速 110 kn，离半个点时放襟翼到 DN 位，调速至 100 kn。

通过进近剖面图提供的高度距离对应值检查下滑信号是否可靠，并通过风挡寻找目视参考，建立目视参考后可以转为目视进近（ILS 进近最晚至决断高度）。

如果下降到决断高度仍不能建立目视参考，立即执行复飞程序：直线上升到 200 m 后，左转直飞 DA，并上升到 3 000 ft（900 m）。

6.3.3　仪表转场程序

出发地机场：长沙黄花机场（ZGHA），机场标高 220 ft（67 m）；起飞跑道：36，磁方向 360°，入口标高 200 ft（60 m）。

目的地机场：武汉天河机场（ZHHH），着陆跑道：04，各参数同前面练习。

航线高度：13 000 ft（3 900 m）。

能见度：两机场能见度均为 3.2 km。

ZHHH、ZGHA 两机场 QNH 均为 29.92 inHg。

所需航图：ZGHA36 跑道离场图，航路图，ZHHH04 跑道进场图，ZHHH04 跑道 ILS/DME 进近图。

（1）离场阶段。

飞机初始位于黄花机场 36 跑道，按飞行检查单做好起飞前的检查设置。导航设置：NAV1 使用频率设为 113.3 MHz（CSX），备用频率为 112.4 MHz（LIG），DEM 置 R1，ADF 使用频率 346 kHz（D）。

飞机起飞后加入 LKO-01D 离场程序（见图 6.34）：沿一边上升到 200 m 以上，上升梯度不低于 3.7%（所用机型的双发正常上升性能可以满足要求），右转切入 CSX（VOR/DME）052°径向线，沿航线背台飞行至 LUMKO 定位点，从该定位点加入 A461 航路向 LKO 飞行，切换 NAV1 的备用频率为使用频率，并将备用频率设为 115.8 MHz（LKO）。

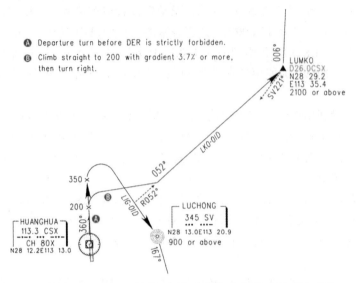

图 6.34　ZGHA 机场 36 跑道仪表离场图（局部参考）

（2）航路阶段。

本练习使用的航路为 A461 从 LIG 台到 LKO 台之间航段的一部分，如图 6.35 所示，可用的导航设备主要为醴陵 LIG（VOR/DME）和龙口 LKO（VOR/DME），航线角为 006°。航线高度为标准气压 13 000 ft（3 900 m）。

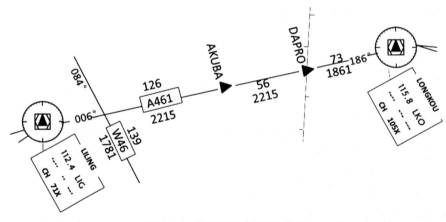

图 6.35　航路图（局部参考）

注意：LKO 台信号覆盖范围较小，在 A461 航路上距 LIG 台约 100 NM 的位置（DAPRO）附近才能够接收到可靠的 LKO 的信号，因此过 LIG 后先仍使用 LIG 导航，DAPRO 作为频率转换点，过此点可切换成前方台 LKO 的频率，备用频率设为 112.2 MHz（WHA）。

（3）进场阶段。

如图 6.36 所示，过 LKO 后可以开始下降高度，加入 LKO-2A 标准进场程序，切换 NAV1 的备用频率为使用频率。起始进近定位点位于 LKO 021°径向线，距 LKO DME 距离 35 NM 处，起始进近高度为 4 000 ft（1 200 m）。

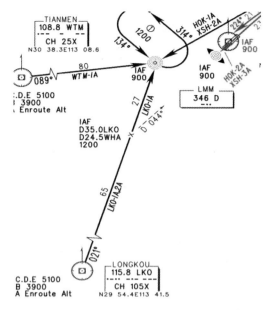

图 6.36 天河机场 04 跑道 LKO-2A 进场（参考）

（4）进近着陆阶段。

如图 6.37 所示，观察 RMI（ADF 指针），接近 IAF 时掌握转弯时机切入 D 044°方位线，沿航线向 D 飞行，至 IF（D10.7WHA）下降到 2 000 ft（600 m）平飞，切入 04 跑道 ILS 航向道（航向道信号较 NDB 方位线更为精确，飞机在切入航道前可能与航道有微小的偏差），保持平飞直到截获下滑道改下降。飞机的构型转换和调速同前面的 ILS/DME 进近练习。如图 6.38 所示，上半图为从黄花机场（ZGHA）起飞到天河机场（ZHHH）04 跑道 ILS/DME 进近程序的最后进近定位点的飞行剖面，下半图为该进近程序的飞行剖面。

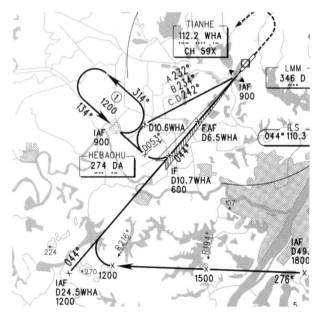

图 6.37　04 跑道 ILS/DME 进近图（局部参考）

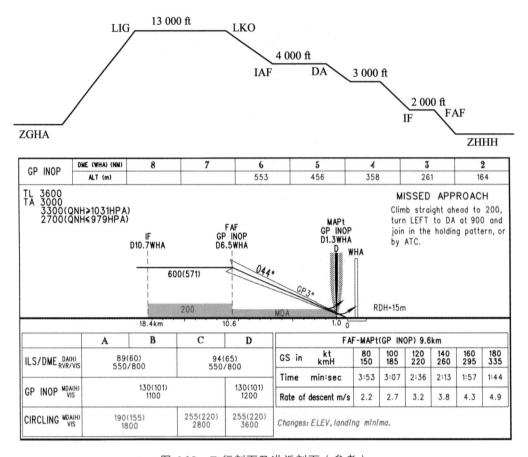

图 6.38 飞行剖面及进近剖面 (参考)

第 7 章　自动飞行控制

自动飞行系统（AFS）由飞行管理计算机、推力管理系统、飞行指引仪和自动驾驶仪等组成（见图 7.1），是飞行管理系统的组成部分，能自动完成飞机姿态控制、导航、性能和动力管理，减轻驾驶员的工作负荷，同时，也改善了飞机的操纵性和稳定性，提高了飞行精度，可在起飞、离场、爬升、巡航、下降和进近着陆整个飞行阶段中使用。

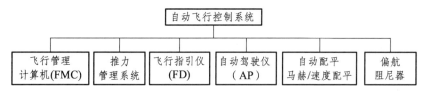

图 7.1　自动飞行系统的组成

现代大型运输机上，一般都装有 AFS，中、小型机和通用航空飞机根据飞行任务和成本要求选装部分分系统——没有飞行管理计算机系统，或没有推力管理系统，或不能实现自动着陆。下面分别讲解自动驾驶仪（AP）、飞行指引仪（FD）和自动油门系统的功能及使用。

7.1　自动驾驶仪（AP）

自动驾驶仪（AP）是民用航空小型飞机的常用设备，可以单独使用，也可以配合飞行指引仪（FD）和自动油门系统一起使用。

7.1.1　自动驾驶仪的组成

自动驾驶仪有三套称为"通道"的自动控制回路，分别控制副翼、升降舵和方向舵的偏转，每个通道由测量装置、计算装置、放大装置、舵机、回输装置和控制显示装置等组成（见图 7.2）。有些飞机的自动驾驶仪的控制不包含方向舵，其方向舵由偏航阻尼器控制。飞行员通过无线电控制面板和仪表、自动驾驶仪控制面板或飞行管理系统（FMS）的控制装置设置和输入预定的飞行航迹和高度信息，给定装置根据需要输出给定信号，测量装置测量和输出飞机的线运动和角运动信号，给定信号与输入控制信号之差为控制信号，放大器将控制信号放大送到舵机，舵机带动舵面偏转，回输装置不断将舵面偏转的角度或角速度信号转换为回输信号，反馈到放大器与控制信号相加，最后使控制信号输出为零，飞机的姿态不再改变，并且保持在预定的高度和航迹上。

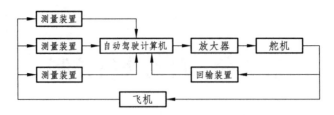

图 7.2　自动驾驶仪单通道组成方框图

7.1.2　自动驾驶仪的功能

如图 7.3 所示为自动驾驶仪 KAP150 的控制板。

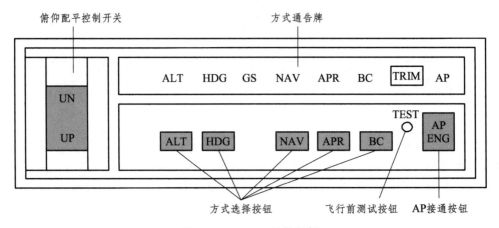

图 7.3　KAP150 的控制板

小型飞机的自动驾驶仪接通"AP"开关后，不按下任何方式按钮，飞机将保持飞机当前的俯仰姿态，并改平坡度飞行。AP 可接通工作在指令方式 CMD，也可接通工作在人工操作方式 CWS。在 CMD 状态下，有以下工作方式。

（1）ALT 方式：使飞机按设定的升/降率上升或下降到预定高度，或保持当前高度。

（2）HDG 方式：使飞机保持或向小于 180°方向转到航向游标设定的航向。

（3）NAV 方式：切入角不大于 60°时，使飞机截获并跟踪全向信标（VOR）或航向信标（LOV）由航道选择指针选择的航道；

（4）APR 与 REV（或 BC）方式：切入角不大于 60°时，使飞机截获并跟踪全向信标（VOR）或航向信标（LOC），APR 方式也能使飞机与下滑道耦合，REV（或 BC）方式在飞机反航道进近时使用。

跟踪全向信标和航向信标（包括反航道）时，自动修正偏流。

HDG 与 NAV、APR 或 REV 不能同时起作用，使用一种方式时，另一种方式断开。下滑道截获后，ALT 方式自动断开。

接通 CWS 方式，驾驶员通过驾驶盘去控制自动驾驶仪，操纵飞机上升下降或转弯，松开驾驶盘后，自动驾驶仪恢复 CMD 方式。

接通"AP"开关后，自动驾驶仪的工作方式以方式通告牌的显示为准，而不是以按下了何种选择按钮方式。

7.1.3 自动驾驶仪的使用

1. 使用步骤

使用自动驾驶仪须先进行准备和设置，安装飞行管理计算机系统的飞机可以在飞行管理计算机中输入和设置相关信息，很多小型飞机上只安装了自动驾驶仪和飞行指引仪。自动驾驶仪的使用可按以下步骤进行：

（1）分析从飞行到着陆的各个飞行阶段所飞的高度、速度、航向以及要使用的导航设施；

（2）确定各个阶段使用自动驾驶仪的哪些工作方式，包括起飞前的设置、飞行各阶段的项目和各阶段之间的转换；

（3）飞行前测试；

（4）起飞前在控制面板和仪表上设置和检查自动驾驶所需的高度和导航信息；

（5）飞机起飞爬升到自动驾驶仪规定的接通高度，并且操作到适当的稳定姿态，接通 AP，再按下（接通）选择的方式按钮，每种方式接通后，方式通告牌（显示屏）上显示当前的工作方式；

（6）在 AP 使用过程中，要改变飞机的升降率或俯仰角时，使用俯仰配平控制开关，或接通 CWS 方式，用驾驶盘把飞机操纵到所需的俯仰角，再断开 CWS 方式；

（7）如果出现异常情况，或进近至最低下降高或决断高，需要断开 AP，可按压驾驶盘上的脱开电门，并解除脱开警告信号，也可以断开控制板上的"AP"开关，或向 AP 的俯仰、横滚和航向通道施加足够的力，人工强行脱开，如图 7.4 所示。

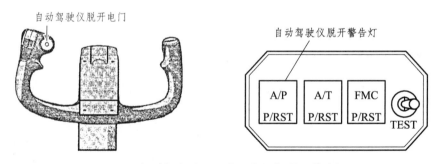

图 7.4　驾驶杆上的 AP 脱开电门与脱开警告灯

2. 功能设置

按下每种方式按钮前，需要先设置的内容如下。

（1）ALT 方式：设置预定高度和升降率。

（2）HDG 方式：转动航向仪的航向选择旋钮使游标对准预定航向。

（3）NAV 方式：调谐要使用的 VOR/LOC（通常是 VOR）的频率，转动与自动驾驶仪关联的 HSI 或 CDI 的"OBS"旋钮，使航道指针对准要飞的径向线或航道度数。飞机切入航道前，须先保持一定航向（可用 HDG 方式），此航向满足切入角小于 60°。

（4）APR 与 REV（或 BC）方式：设置的内容同 NAV 方式。另外，飞机切入航向道时，高度应低于下滑道，并且保证在切入下滑道前有一段平飞距离，使飞机稳定在航向道上并调整速度和外形。

3. 使用中的注意事项

（1）除 CWS 方式外，不要人为助推 AP，因为 AP 会对抗人的操纵，断开 AP 后会引起操纵困难。

（2）起飞爬升至巡航过程中，AP 的接通高度不低于规定高度，进近着陆中至最低下降高度或决断高度，必须断开 AP。

（3）对没有推力管理系统的机型，必须配合 AP 手动调节油门杆控制速度。

7.2 飞行指引仪（FD）

飞行指引仪（FD）主要由飞行指引计算机、飞行指引方式选择板、动态通告牌、姿态指引指示器和输入装置组成。FD 指引飞行员改变飞机的高度和水平位置，在起飞、爬升、巡航、下降、进近以及复飞阶段都能使用。FD 可以单独使用，也可以与自动驾驶仪配合（称为自动飞行指引系统）。指引仪表有水平状态指引、飞机姿态指引和仪表着陆指引几种方式。

7.2.1 飞行指引显示

按下 PFD 控制板上的 "FD" 按钮，即接通 FD，在姿态指引仪（ADI）或主飞行显示器（PFD）上出现姿态指引针（或称指令杆）。指引针有两种：十字指引针和八字引指针，如图 7.5 所示。指引针指引飞行员向上、下、左、右操纵飞机俯仰或横滚姿态，如图 7.6 所示。

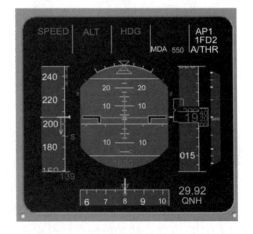

八字指针   十字指针

图 7.5   ADI 或 PFD

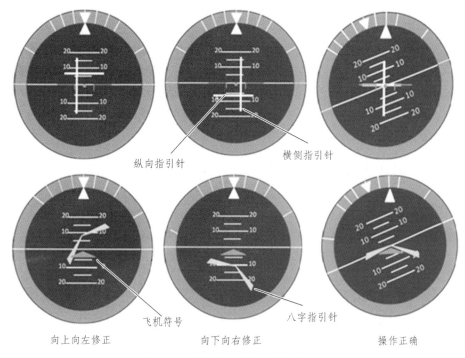

纵向指引针　　　　横侧指引针

飞机符号　　　　八字指引针

向上向左修正　　　　向下向右修正　　　　操作正确

图 7.6　十字和八字指引针的指示

7.2.2　飞行指引方式控制板

飞行指引方式控制板用于驾驶员接通或断开飞行指引系统，以及选择飞行指引方式。不同型号的飞行指引系统，其控制板也存在差别，下面以 B737-200 飞机上的飞行指引方式控制板为例来说明各种飞行指引方式与控制操作，如图 7.7 所示。

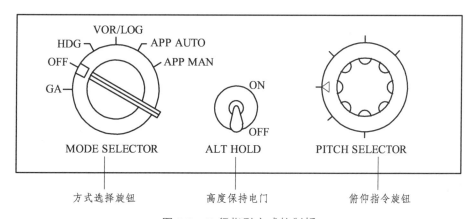

方式选择旋钮　　　　高度保持电门　　　　俯仰指令旋钮

图 7.7　飞行指引方式控制板

1．方式选择器

方式选择器旋钮有六个位置。

（1）OFF 位：指引仪不工作，指引针收回。

（2）HDG 位：引导飞机保持或转至航向选择游标指示的预选航向。

（3）VOR/LOC 位：引导飞机保持或切入预选航道。

（4）APP AUTO 位：引导自动飞行系统实施 ILS 进近。

（5）APP MAN 位：引导飞行员人工操纵实施 ILS 进近或 VOR 进近。

（6）GA 位：指引操作飞机的复飞姿态。

2. ALT HOLD 电门

ALT HOLD 电门的功能是指引飞机保持在接通电门瞬间的气压高度上。

3. 俯仰指令旋钮

转动此旋钮，指引针上移或下移，可以为飞行指引仪选择一个人工俯仰基准。注意使用此方式，当飞机爬升到目的高度上改平时，指引杆仍然上仰，应用此旋钮及时地将指引针调回。

7.2.3　飞行指引仪的使用

以下是飞行指引仪在各种方式下的使用方法，只涉及导航和飞行指引系统，飞机动力和结构的操作见有关章节。除第四种外，其余为单独使用飞行指引仪时人工操纵飞机。

1. HDG 方式指引

如图 7.8 所示为按 ADI 中十字指引针（指令杆）的指示，操纵飞机由原航向 60°转到指定航向 120°的过程，步骤如下。

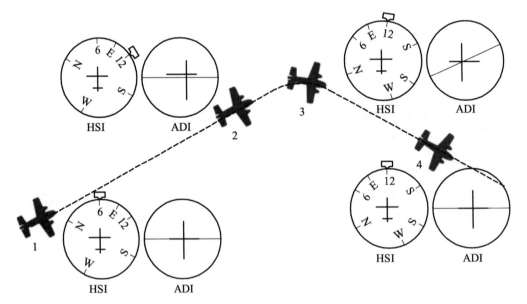

图 7.8　航向方式指引

（1）在位置 1，飞机保持航向选择游标设定的航向 60°飞行，FD 电门按下接通，并在飞行指引方式控制板上选择"HDG"方式，ADI 或 EADI 上出现飞行指引针，指引针定中。

（2）到位置 2，要转到航向 120°，转动航向选择旋钮，使航向仪表（航向仪、HSI、EHSI）上的航向选择游标转至预选航向 120°，横侧指引针指示飞机右转。

（3）操纵飞机右转，转弯过程中，横侧指引针逐渐回移到中间，保持坡度至位置 3，接近航向 120°时，指引针偏左，指引飞机向左改平坡度。

（4）随着坡度的减小，指引针逐渐回移，飞机改平对准预选航向后，指引针回到中间，如图 7.8 所示位置 4。

2. VOR/LOC 方式指引

如图 7.9 所示为按 ADI 中八字指引针（指令杆）的指示，操纵飞机切入指定航道 240°并沿航道飞行的过程，步骤如下。

（1）位置 1 的飞机保持航向 100°飞行，准备切入某 VOR 台 240°径向线（或 LOC 航道）向台飞行。在甚高频导航控制盒上调谐出 VOR 或 LOC 的使用频率，转动 HSI 或 EHSI 的航道选择旋钮（OBS），使航道指针指示预选航道 60°（与飞行方向一致）。

（2）按下 FD 电门，再在飞行指引方式控制板上选择"LOC/VOR"方式。到达转弯点前，飞机保持航向 100°，指引针定中。到达转弯点后，即位置 2，指引针指示飞机左转切入航道，随着坡度的增大，指引针向中间回平。

（3）到位置 3，飞机接近 240°航道波束中心线时，指引针向相反方向偏移，指示飞机向右改平坡度，随着坡度的改平，指引针向中间回平。

（4）飞机截获航道并保持后，指引针到中间回平，如位置 4。

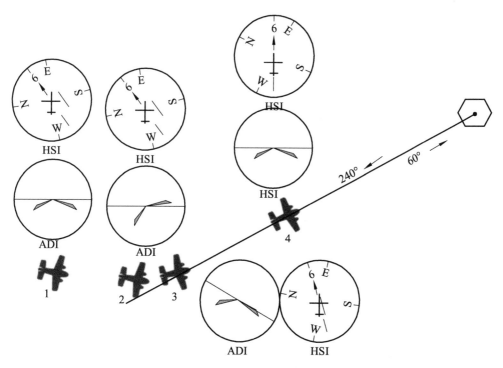

图 7.9　VOR/LOC 方式指引

3. APP MAN 方式指引

如图 7.10 所示为按 ADI 中十字指引针的指示，人工操纵进近着陆或复飞。跑道方向 024°，五边航迹由 VOR 径向线或 LOC 引导。步骤如下。

（1）在起始进近航段，FD 接通，根据起始进近航段的导航方式选择"HDG"或"LOC/VOR"方式。接近下降点位置 1，设置预选高度至起始进近航段最低高度，然后选择"APP MAN"方式。至下降点，跟纵向指引针调整飞机俯仰姿态操纵飞机下降至起始进近航段最低高度。

（2）到转弯点前，调谐 LOC 频率或 VOR 频率，并选择航道 024°（LOC 引导）或航图标识的径向线（VOR 进近），到转弯点位置 2，跟横侧指引针指示操纵飞机切入 LOC 航道或 VOR 径向线。

（3）在位置 3，中间进近定位点前，飞机切入五边航道并保持，设置预选高度至中间进近航段最低高度（如果保持高度，接通"ALT HOLD"电门）。到达中间进近定位点，按纵向指引针指示下至中间进近航段最低高度。

（4）接近最后进近定位点，设置预选高度至最低下降高度/决断高。至最后进近定位点，按纵向指引针指示操纵飞机下降至最低下降高/决断高。

（5）如果在复飞点前（最晚至复飞点）看见跑道，则转为目视进近，不再跟指引针，按目视对准下降和着陆。当飞行员决定复飞时，设置预选高度至复飞高度，指引方式选择"GA"，按指引针指示操纵飞机复飞。

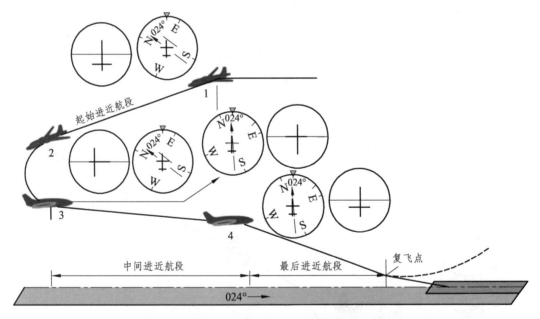

图 7.10　APP MAN 方式指引

4. 使用 AFDS 的 ILS 进近

如图 7.11 所示为波音 747 的自动飞行指引系统（AFDS）方式控制板。

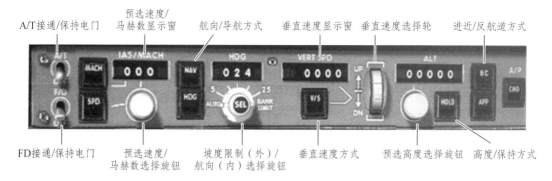

图 7.11　Boeing 747 的 AFDS 方式控制板

如图 7.12 所示为使用 AFDS 操纵飞机作 ILS 进近，跑道方向 24°，FD 和 AP 已接通，步骤如下。

（1）进场航段，在自动飞行指引系统方式控制板（MCP）上设置预选高度值为起始进近航段最低高度（ILS 进近中间进近航段通常为平飞段，则起始进近航段最低高度为中间进近高度），并调升降率"VERT SPD"。根据导航设施选择"NAV"或"HDG"方式控制飞机沿航线飞行。

（2）位置 1，过起始进近定位点， 接通"V/S"（"或 VNAV"）方式，AP 操纵飞机下降至起始进近航段最低高度。调谐 ILS 频率（备用，可以在之前调出），调适当的升降率。

（3）飞机飞至转弯点位置 2 时，调预选航向为航向道切入航向，选择"HDG"方式作为横向跟踪，将 ILS 频率转换为使用频率，并调航道，HSI 或 EHSI 出现航道和下滑指针，"APP"方式预位。接近航道时，"APP"方式接通，"HDG"方式断开。AP 操纵飞机切入航向道并沿航向道飞行，如位置 3。

（4）至中间进近定位点，设置预选高度为中间进近航段最低高度（平飞段接通"HOLD"方式）。

（5）位置 4，截获下滑道后，"HOLD"方式断开，设置预选高度为复飞爬升高度。

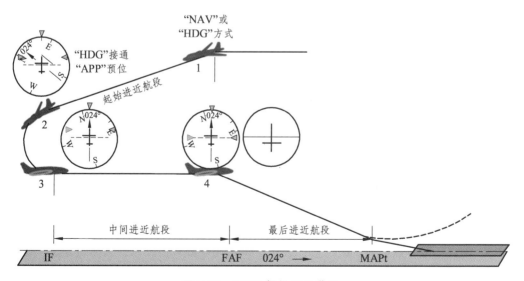

图 7.12　AFDS 操纵 ILS 进近

7.3　自动油门控制系统

自动油门（AT）控制系统的功能是执行发动机推力限制计算和自动油门方式管理，与自动驾驶仪和飞行指引仪一起工作，可以维持飞机的垂直轨迹和空速，实现自动飞行。自动油门控制系统由推力管理计算机、自动油门方式控制板、推力方式选择板、自动油门伺服机构、脱开和复飞电门以及方式通告牌和快慢指示等组成，工作方式可以通过自动油门方式控制板和推力方式选择板人工选择，与自动飞行指引系统联合使用时，由自动飞行指引系统的所选方式（如飞行速度、升降率、高度保持或改变等）及飞行阶段自动决定。

7.3.1　自动油门系统的控制

自动油门系统工作方式的设置在自动油门方式控制板和推力方式选择板上进行，另外，自动油门的控制还有脱开电门和复飞电门。

1. 自动油门方式控制板

如图 7.13 所示，自动油门方式控制板上的 EPR（或 N1）方式和 SPD 方式是自动油门的两种基本工作方式，EPR（或 N1）方式是推力管理计算机将人工选择的推力或飞行管理计算机（FMC）计算的所需推力与实际推力进行比较，再根据飞机当前的高度、速度、大气温度、姿态等计算出维持选择的 EPR（N1）所需的油门信号，再由自动油门伺服机构移动油门杆至所需位置，达到选择推力；SPD 方式是推力管理计算机比较实际空速和目标空速，再根据飞机当前的高度和姿态等计算出油门控制指令。

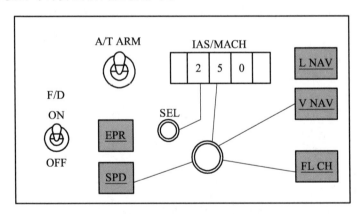

图 7.13　自动油门方式控制板

A/T ARM 为自动油门预位，接通后，如果人工操纵飞机，可选自动油门工作在两种方式之一。若接通自动飞行指引系统，并选择器俯仰指令方式，如 FLCH（高度层改变方式）或 VNAV（垂直导航），自动油门系统会转换至相应的工作方式。

SEL 是空速/马赫数选择旋钮，其右下方是空速/马赫数转换按钮，选择的空速/马赫数在 IAS/MACH 显示窗中显示。

2. 推力方式选择板

推力方式选择板用于选择推力限制和输入假设温度。

如图 7.14 所示，推力方式选择板上有 4 个推力限制方式选择电门：TO/GA（起飞/复飞）、CLB（爬升）、CON（连续）和 CRZ（巡航）。"1" 和 "2" 为固定减推力电门，可配合起飞电门和爬升电门使用，即按起飞或爬升推力的百分比设置推力；TEMP SEL 用于调节假设温度，灵活减小推力；CON 电门用来在空中选择最大连续推力；CRZ 是在空中选择巡航推力。

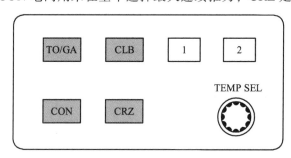

图 7.14　推力方式选择板

3. 自动油门的脱开电门和复飞电门

在油门杆上有自动油门脱开电门和复飞电门。自动油门的脱开电门用来在空中或地面人工脱开自动油门，脱开后告警灯亮，如图 7.4 所示 "A/T" 告警灯，可以人工解除告警；当飞机进近着陆时，推力方式选择板上的 "TO/GA" 预位，复飞时，按压复飞电门，自动油门工作于复飞方式。

4. 自动油门方式通告牌

自动油门方式通告牌用于显示自动油门当前的工作方式，有些飞机有专门的 AT 通告牌，有些在 PFD 上显示，如图 7.15 所示，图中为 "SPD" 方式，除基本工作方式外，还有 "RETARD（减推力）" "THR HOLD（油门保持）" "ARM"（预位）等方式。

当自动油门工作在速度方式时，PFD 的速度带上有快/慢通告牌，显示实际空速比选择空速快还是慢。

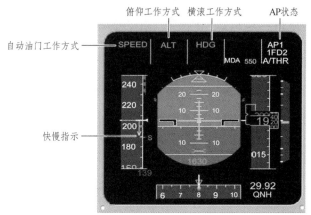

图 7.15　PFD 上的 AT 通告牌

7.3.2 自动油门系统的使用

自动油门系统可以单独使用，通过人工设置所需的工作方式，实现对发动机推力的控制；也可以与自动飞行指引系统联合使用，接通有关俯仰方式，自动油门根据飞行阶段，自动转换工作方式。各机型的飞行操作有所差别，下面简要介绍一种较为典型的自动油门与自动飞行指引系统联合时的操作和工作过程（仅供参考）。

（1）起飞前，接通 YD（偏航阻尼器）和 FD，FD 的横侧指引针定中，纵向指引针上偏到起飞爬升仰角。接通 AP 工作在 CWS（人工）方式。在推力方式选择板上选择"TO/GA"。如果需要减推力起飞，选择"1"或"2"固定减推力电门，或设置假设温度，灵活减小推力。

（2）接通自动油门预位电门"ARM"。

（3）飞机对准跑道收到起飞许可后，人工推油门至预定位（根据飞行操作手册），待发动机稳定后，在推力方式控制板上选择 EPR 方式以接通自动油门，油门杆自动前推达到 ECIAS 上显示的基准推力，通告牌显示自动油门的工作方式为"EPR"。

（4）按飞行指引仪人工操纵飞机起飞。滑跑速度达到一定值时，通告牌的显示变为"THR HOLD"，此时可以人工调节推力，飞机离地至襟翼收完前自动油门一直工作在此方式。根据爬升要求，在推力方式选择板上选择爬升推力后，油门方式变为"EPR"，达到推力后变为"THR HOLD"。

（5）到达转弯安全高度后，选择"LNAV（横向导航）"方式，在截获航道前系统以"HDG（航向）"方式控制飞机，"LNAV"方式预位，截获航道后，通告牌横滚工作方式显示"LNAV"，如图 7.16 所示。高于安全高度后，可接通自动驾驶仪的"CMD（指令）"方式，俯仰工作方式选择选择"VNAV（垂直导航）"。

图 7.16　截获航道前后 PFD 的显示

（6）如果空中交通管制要求非计划改平，在方式控制板上选择预选高度，A/T 方式变为"EPR"。接近预选高度，俯仰方式由"NVAV"变为"ALT CAP（或 ALT ACQ）"。改平后，A/T 方式显示"SPEED"，俯仰方式显示"ALT HOLD"，如图 7.17 所示。如果要改变高度，可以再选择"VNAV"方式，自动油门将调整推力以满足爬升要求，A/T 方式显示"EPR"。到达巡航高度后，飞机在"VNAV"和"LNAV"作用下保持高度和航迹，如图 7.18 所示。

图 7.17　到达指定高度层前后 PFD 的显示

图 7.18　到达巡航高度层后 PFD 的显示

（7）进场到达下降顶点，A/T 最初显示"IDLE（慢车）"，飞机改下降，然后显示"THR HOLD"。做进近前的准备，例如频率调谐和仪表检查等。按进近方式完成各航段的设置和监控，例如做 ILS 进近，接近航向道时，在 AFDS 方式控制板上选择"APP"，自动驾驶仪将操纵飞机截获 LOC 和 GS。截获 LOC 后，下滑方式预位，接近下滑道时，自动油门方式变为"SPD"，以保持所给定的空速。GS 截获后，"GA"方式预位。到达决断高度，A/P 接通"CWS"方式 。如果需要复飞，按压油门杆上的复飞按钮激活复飞方式。进近和复飞过程的 PFD 的通告牌显示如图 7.19 所示。

进场下降　　　　　　　　　　　　　　　截获航向道

截获下滑道　　　　　　　　　　　　　　复飞

图 7.19　进近过程中 PFD 的显示

（8）接近接地点时，自动油门收慢车，通告牌显示"IDLE"，然后显示"THR HOLD"，如图 7.20 所示。

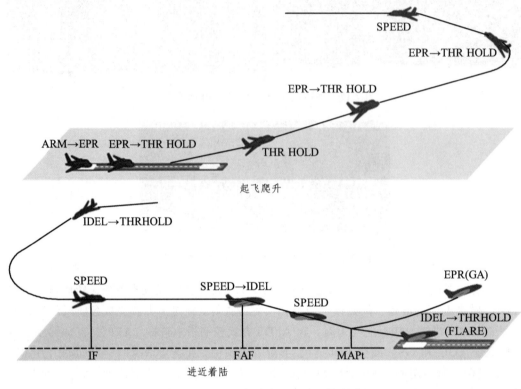

图 7.20 飞行各阶段 AT 的工作方式

相关知识：

飞行管理系统实施对飞机的综合管理，具有导航和制导、编排飞行计划、以最优性能管理飞机、综合飞行显示、节省燃油和快速诊断故障等功能，现代大型运输机都安装有飞行管理系统。

飞行管理系统包括飞行管理计算机系统、传感系统、自动飞行控制系统和自动油门系统，以及导航和性能数据库。飞行管理计算机系统包括飞行管理计算机和控制显示组件；传感器包括各种机载导航设备、燃油总和器、时钟和飞机系统传感元件；自动飞行控制系统和自动油门系统是飞行管理系统的执行子系统。

第 8 章　FSX 与模拟操纵系统

本章训练使用的练习设备是桌面模拟飞行练习器，包括硬件和软件部分。应用软件提供了多种机型及各种飞行环境，并有多种操作界面及满足各种操作需要的功能菜单。飞行模拟软件为微软模拟飞行 FSX 的试用版和 Demo 版。

8.1　桌面模拟飞行练习器的组成

1. 硬件部分

（1）常规电脑配置：计算机、显示器（可单屏或者双屏）。

（2）模拟驾驶舱操纵系统：操纵台、电子仪表面板、方向舵脚蹬、动力控制装置（油门杆、变矩杆、混合比杆）。

2. 软件部分

（1）操作系统：Windows 系列系统专业版。

（2）应用软件：微软模拟飞行软件 Flight Simulator 10 （ FSX ）及相关接口程序。接口程序 NAV4FSX.exe 是通信导航面板的接口程序，接口程序 vJoyClient.exe 是桌面飞行操纵控制台的接口程序。首先，打开微软模拟飞行软件 FSX，再打开 vJoyClient.exe 和 NAV4FSX.exe。

8.2　FSX 练习的初始设置

在使用前要根据教学要求和练习者情况做适当的选择和设置。点击图标运行软件，进入后弹出一个初始页面（见图 8.1），提供若干选项，点击某个选项，会弹出一个对话框，通过这些对话框可以完成练习的初始设置。

图 8.1　初始页面

8.2.1　选择机型

选择适当的驾驶舱仪表系统。先确定使用驾驶舱分离式仪表或综合仪表系统，再选择与仪表系统相对应的机型。建议初学者使用简洁明了的分离式仪表系统，选择小型单发或双发飞机（见图 8.2），以便于对基础知识的掌握。

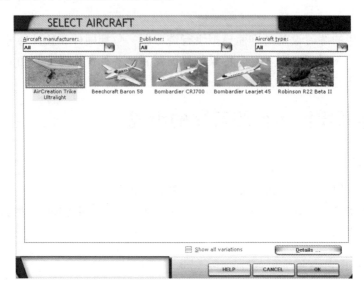

图 8.2　选择机型

8.2.2　选择机场

选择练习用的飞行场地（见图 8.3）。根据掌握的航图资料和练习需要，选择适当的机场和跑道，并选择一个飞机的初始位置：跑道头或停机位。

图 8.3　选择机场

8.2.3 选择天气

设置飞行的气象条件（见图 8.4），主要考虑风、能见度、颠簸对飞行的影响，以及练习者的操纵水平。需要注意的是，如果选择了小型飞机，即使是轻微颠簸，对操纵可能也有较大影响。

图 8.4 选择天气

8.2.4 选择季节和时间

选择季节和一天中的飞行时段（见图 8.5）。根据练习者对目视和仪表飞行的掌握程度，考虑能见度和气候对飞行的影响。注意日出和日落时间能见度的变化。

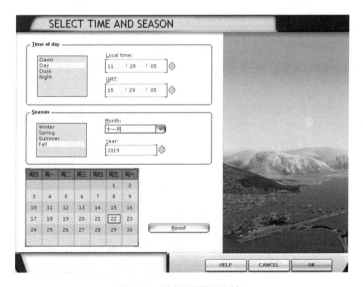

图 8.5 选择季节和时间

完成以上选择后，点击"fly now"，便进入模拟驾驶舱操纵界面。

初始页还提供了练习储存（save）和装载（load）功能，即对现有的飞行状态或设置进行编辑储存，或调出和装载已储存的练习（已设置好或已在某种飞行状态），跳过前面四个选项的设置，直接进入驾驶舱界面。

8.3 FSX 操作界面主要功能

8.3.1 显示模式与视景转换

驾驶舱仪表系统的显示，可根据使用者需要或爱好选择虚拟驾驶舱或 2D 显示模式。2D 显示模式清晰稳定，在操作过程中仪表板无晃动，且无驾驶杆遮挡仪表，建议初学者选用此种模式。在虚拟驾驶舱页面可以进行视景旋转，也可以切换到外部视景，观看飞机外部和周围环境。在各显示模式和视景间，可以利用快捷键进行切换，但在仪表飞行练习过程中为确保飞行姿态的正确操纵，不建议频繁切换，不要长时间观看外部视景。显示模式和视景转换的快捷键有

（1）功能键 F9：屏幕显示虚拟座舱，按下键盘空格键不动再结合鼠标可以对视景进行调整。

（2）功能键 F10：屏幕上为驾驶舱仪表 2D 显示。

（3）功能键 F11：把视景切换到飞机外部，按一下驾驶杆右手柄上的红色按钮可以转换飞机外部视角。

（4）功能键 F12：从卫星视角俯视机场平面，如图 8.6 所示，此画面可用鼠标滚轮放大和缩小。

图 8.6 从卫星视景看机场平面结构

8.3.2　主要菜单功能

　　驾驶舱页面顶部左边有菜单提供各项功能，前面的初始设置可在此页更改，也可以根据需要设置操纵难度。如果顶部没有菜单显示，可使用键盘"alt"键，或点击鼠标右键调出浮动菜单，再用左键点击浮动菜单中的"Hide menu bar"项，就可以调出顶部菜单，如图 8.7、图 8.8 所示。

图 8.7　浮动菜单

图 8.8　顶置菜单

　　练习过程中或结束后，可用顶置菜单中的"Map"项调出地图检查飞行平面轨迹，在地图中也可设飞行状态；用"Flight Analysis"项调出飞行分析图检查飞行剖面，如图 8.9、8.10 所示。

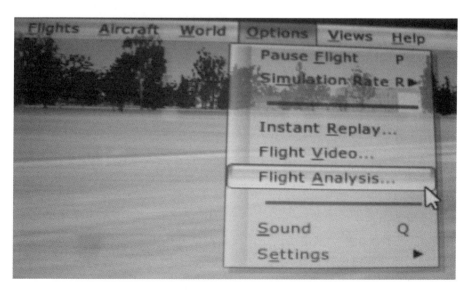

图 8.9　调出飞行分析图

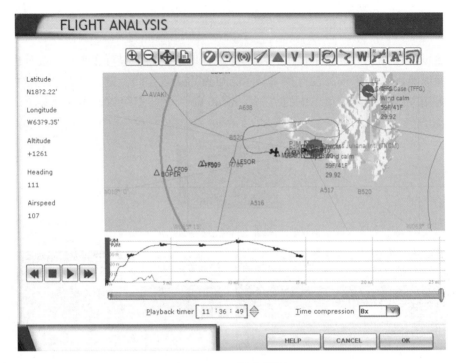

图 8.10　飞行分析图

8.3.3　主要功能图标

在 2D 模式显示的模拟驾驶舱仪表板上，有一排功能图标，用鼠标左键点击某个图标可调出相应参考信息，或特定仪表、特定操纵设备显示，也可以显示地图，如图 8.11 所示。

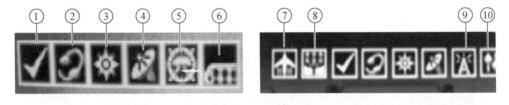

图 8.11　功能图标

各图标功能如下：

① 调出机型性能参考手册；

② 调出空管指令窗口；

③ 调出地图；

④ 调出 GPS 显示器；

⑤ 仪表全屏显示；

⑥ 切换 2D 显示仪表板：只显示仪表，或显示仪表和动力与电气系统操纵设备；

⑦ 调出动力系统操纵设备；

⑧ 调出驾驶舱顶部仪表设备；

⑨ 调出无线电通信与导航控制面板；

⑩ 调出其他操作设备。

8.3.4 FSX 常用键盘命令

（1）模拟飞行指令。

暂停 P or BREAK（BREAK）；

结束飞行 ESC；

退出飞行模拟 CTRL+C；

全屏模式 ALT + ENTER（回车键）；

菜单显示/隐藏 ALT；

膝板显示/隐藏 SHIFT+F10；

声音开/关 Q；

重置当前飞行 CTRL+;（分号）；

保存飞行；（分号）；

立即退出飞行模拟 CTRL+BREAK（BREAK 键）；

摇杆（禁用/使用） CTRL+K；

全球坐标/帧频 SHIFT+Z；

选择时间压缩 R；

空投物资 SHIFT+D；

请求加油车 SHIFT+F；

航空器标签显示/隐藏 CTRL+SHIFT+L；

飞行技巧显示/隐藏 CTRL+SHIFT+X；

增大选择 =（等号）；

缓慢增大选择 SHIFT+=（等号）；

缓慢减小选择 SHIFT+ −（减号）；

减小选择 −（减号）；

捕获截图 V；

登机桥廊对接/分离 CTRL+J；

ATC 菜单显示/隐藏。

（2）通用飞机控制指令。

锁定/释放停机刹车 CTRL+.（句点）；

后推开始/停止 SHIFT+P（再按 1 或 2 使尾部向右或者向左）；

使用/释放刹车 .（句点）；

使用左刹车 数字键盘+（加号）；

使用右刹车 数字键盘 −（减号）；

收/放起落架 G；

尾轮锁定开/关 SHIFT+G；

手动放下起落架（若系统失效） CTRL+G；

燃料供应开/关 CTRL+SHIFT+D；

子面板显示或隐藏 SHIFT + 1 至 9；

烟雾系统开/关 I；

整流罩（通风片）（逐渐）开启 CTRL+SHIFT+V；

整流罩（通风片）（逐渐）关闭 CTRL+SHIFT+C；

请求牵引飞机 CTRL+SHIFT+Y；

释放牵引绳索 SHIFT+Y；

舱门选择 SHIFT+E（再按 1～4 以开启/关闭）。

（3）飞机控制指令。

副翼左倾斜 数字键盘 4；

副翼右倾斜 数字键盘 6；

副翼左配平 CTRL+数字键盘 4；

副翼右配平 CTRL+数字键盘 6；

垂直尾翼 左偏航 数字键盘 0；

垂直尾翼 右偏航 数字键盘 ENTER（回车键）；

垂直尾翼 左配平 CTRL+数字键盘 0；

垂直尾翼 右配平 CTRL+数字键盘 ENTER（回车键）；

副翼或垂直尾翼居中 数字键盘 5；

水平升降舵向下 数字键盘 8；

水平升降舵向上 数字键盘 2；

升降舵 向下配平 数字键盘 7；

升降舵 向上配平 数字键盘 1；

襟翼完全收起 F5；

襟翼缓慢收起 F6；

襟翼缓慢伸出 F7；

襟翼完全伸出 F8；

扰流板/减速板开/关 /（正斜线）；

扰流板预位 SHIFT+/（正斜线）；

水舵收/放 CTRL+W。

（4）发动机控制指令。

对于多发动机飞机上，除非先按下 E+发动机号（1～4）选择单个发动机，否则操作将对所有发动机生效。要恢复对所有发动机的控制，先按住 E，然后快速连续地按下所有发动机号（E、1、2、……）

选择发动机 E+发动机编号（1-4）；

选择所有发动机 E+1+2+3+4；

自动启动发动机 CTRL+E；

切断节流阀 F1；

反冲力（涡扇发动机/喷气发动机） F2 （按住且保持）；

降低节流阀 F2 or 数字键盘 3；

增加节流阀 F3 or 数字键盘 9；

节流阀最大 F4；

螺旋桨低转速 CTRL+F1；

降低螺旋桨转速 CTRL+F2；

增大螺旋桨转速 CTRL+F3；

螺旋桨高转速 CTRL+F4；

油气混合比设置为慢车低油状态 CTRL+SHIFT+F1；

减小油气混合比 CTRL+SHIFT+F2；

增大油气混合比 CTRL+SHIFT+F3；

油气混合比设置为高油量状态 CTRL+SHIFT+F4；

发动机除冰开/关 H；

磁电机选择 M；

选择主用电池组或者交流发电机 SHIFT+M；

选择喷气发动机启动器 J；

直升机旋翼离合器开/关 SHIFT+. （句点）；

直升机旋翼调节器开/关 SHIFT+, （逗点）；

直升机旋翼制动器开/关 SHIFT+B；

增加选择项目 = （等号）；

逐渐增加选择项目 SHIFT+= （等号）；

逐渐减小选择项目 SHIFT+ – （减号）；

减小选择项目 – （减号）。

（5）灯光指令。

全部灯开/关 L；

机外闪光警示灯开/关 O；

面板灯开/关 SHIFT+L；

降落灯开/关 CTRL+L；

降落灯（下斜）CTRL+SHIFT+数字键盘 2；

降落灯（左斜）CTRL+SHIFT+数字键盘 4；

降落灯（右斜）CTRL+SHIFT+数字键盘 6；

降落灯（上斜）CTRL+SHIFT+数字键盘 8；

降落灯（归正）CTRL+SHIFT+数字键盘 5。

（6）无线电指令。

ATC 窗口（显示/隐藏） ` 重点符 or SCROLL LOCK （SCROLL LOCK 键）；

VOR 1 识别开/关 CTRL+1；

VOR 1 识别开/关 CTRL+2；

MKR 识别开/关 CTRL+3；

DME 识别开/关 CTRL+4；

ADF 识别开/关 CTRL+5；

备用频率切换 X；

COM 无线电选择 C；

NAV 无线电选择 N；

OBS 指示器选择 SHIFT+V；

ADF 选择 CTRL+SHIFT+A；

DME 选择 F；

雷达收发器选择 T；

增加选择项目 = （等号）；

逐渐增加选择项目 SHIFT+= （等号）；

逐渐减少选择项目 SHIFT+ – （减号）；

减少选择项目 – （减号）。

（7）自动驾驶指令。

自动驾驶主开/关 Z；

自动驾驶飞行导向仪开/关 CTRL+F；

自动驾驶机翼水平调整器开/关 CTRL+V；

自动驾驶偏航阻尼器开/关 CTRL+D；

自动驾驶高度保持开/关 CTRL+ Z；

自动驾驶高度选择 CTRL+SHIFT+Z；

自动驾驶航向保持开/关 CTRL+H；

自动驾驶航向选择 CTRL+SHIFT+H；

自动驾驶空速保持开关 CTRL+R；

自动驾驶马赫数保持开/关 CTRL+M；

自动驾驶空速保持开/关 SHIFT+R；

自动驾驶自动油门起飞/重飞（TOGA）模式 CTRL+SHIFT+G；

自动驾驶 NAV1 保持开/关 CTRL+N；

自动驾驶近进模式开/关 CTRL+A；

自动驾驶回航模式开/关 CTRL+B；

自动驾驶左右定位维持开/关 CTRL+O；

自动驾驶姿态保持开/关 CTRL+T；

增加选择项目 = （等号）；

逐渐增加选择项目 SHIFT+= （等号）；

逐渐减少选择项目 SHIFT+ – （减号）；

减少选择项目 – （减号）。

（8）仪器仪表指令。

航向指示仪 复位 D；

高度计复位 B；

皮托管加热开/关 SHIFT+H；

增加选择项目 = （等号）；

逐渐增加选择项目 SHIFT+= （等号）；

逐渐减少选择项目 SHIFT+ – （减号）；

减少选择项目 – （减号）。

（9）视野指令。

二维驾驶舱（面板、着陆面板、仪表、窗外）循环转换 W；

切换至面板视野 SHIFT+数字键盘 0；

转换视野（面板，虚拟驾驶舱，塔台，现场） S；

反向转换视野 SHIFT+S；

转换座舱视角 A；

反向转换座舱视角 SHIFT+A；

查看前一视角 CTRL+S；

恢复至默认缩放比例 1 倍 BACKSPACE（退格键）；

看 Num Pad（数字键盘）；

看 Hat switch（摇杆控制帽 i）或 thumbstick（按钮开关）；

恢复至向前看 SHIFT+数字键盘 DEL；

鼠标查看周围 Hold SPACEBAR（按住空格键）移动鼠标；

鼠标指示开/关 SHIFT+O；

打开新视野窗口 [（左括弧）；

关闭视野窗口]（右括弧）；

打开新的俯视视野窗口 SHIFT+]（右括弧）；

切换到虚拟驾驶舱 F9；

切换到 2D 驾驶舱 F10；

切换到追踪视野 F11；

切换到卫星视角 F12；

二维面板透明度（加或减） CTRL+SHIFT+T（＋or－）；

将选择的窗口放在最上层 '（撇号）；

放大 =（等号）；

缩小 –（减号）；

切换到下个视野 CTRL+TAB；

切换到上个视野 CTRL+SHIFT+TAB；

视点后移 CTRL+ENTER（回车键）；

视点下移（座椅降低） SHIFT+BACKSPACE（退格键）；

视点前移 CTRL+BACKSPACE（退格键）；

视点左移 CTRL+SHIFT+BACKSPACE（退格键）；

视点右移 CTRL+SHIFT+ENTER（回车键）；

视点上移（座椅升高） SHIFT+ENTER（回车键）；

恢复视野 CTRL+SPACE（空格键）。

（10）移位指令。

移位使练习者不用真正的飞行，即可快速地将飞机移到新的位置。请用以下指令进行移位。

移位模式开/关 Y；

设定为朝北航向/平直飞行姿态 CTRL+SPACEBAR（空格键）；

冻结所有移动 数字键盘 5；

前移 数字键盘 8；

后移 数字键盘 2；

左移 数字键盘 4；

右移 数字键盘 6；

慢速增加高度 Q；

慢速降低高度 A；

左旋转 数字键盘 1；

右旋转 数字键盘 3；

机鼻上移 9；

机鼻下移 0；

左倾斜 数字键盘 7；

右倾斜 数字键盘 9。

（11）任务指令。

罗盘指示器开/关 U；

罗盘指示下一个目标 K；

罗盘指示上一个目标 SHIFT+K。

8.4 模拟飞行操纵系统

8.4.1 操纵控制台

操纵控制台包含发动机启动、驾驶杆/盘、飞机外部灯光开关、起落架收放、襟翼收放、发动机控制等部分，如图 8.12 所示。

图 8.12 操纵控制台

如图 8.13 所示，MASTER BAT 为蓄电池控制开关，AVIONICS 为航电系统主开关，钥匙为磁电机/启动开关。磁电机开关用来控制磁电机是否产生高压电，开关有"OF""R""L""BOTH"和" " 5 个位置。将磁电机开关钥匙插入锁孔，转动钥匙，可以选择不同的位置。

（1）开关在"OF"位，左、右磁电机都不能产生高压电。

（2）开关在"L"位，只有左磁电机能产生高压电，右磁电机不工作。

（3）开关在"R"位，只有右磁电机能产生高压电，左磁电机不工作。

（4）开关在"BOTH"位，左、右磁电机都能产生高压电。

（5）右转磁电机开关至"将接通起动机电路，起动机带动曲轴旋转，同时磁电机产生高压电供电嘴点火，发动机启动后，松开磁电机开关钥匙，磁电机开关将自动弹回 BOTH"位。

（6）正常工作时，磁电机开关位于"BOTH"位，两个磁电机都工作。单磁位（"L"或"R"）仅用于地面发动机试车时对磁电机工作性能进行检查，即检查磁电机单磁掉转。方法是将发动机转速调整到 1 800 r/min，稳定工作后，将磁电机开关从"BOTH"位转到"L"或"R"位，发动机转速将下降但工作平稳，然后把磁电机开关转到"BOTH"位。单磁工作时，由于每个气缸只有一个电嘴工作，燃烧速度减慢，发动机的功率有所下降，表现为转速下降。单磁掉转不超过 150 r/min，两个磁电机掉转差不超过 50 r/min。

（7）停车后，磁电机开关必须放在"OF"位，否则扳转螺旋桨时极易导致磁电机点火，使发动机重新爆发造成危险。

点火系统工作流程如下。

启动时，磁电机开关放在"STAR"位，启动电路接通，起动机工作，带动曲轴转动。此时左、右磁电机借助冲击联轴器产生高压电，提前点火角比正常提前点火角小，发动机启动后，松开钥匙，磁电机开关自动跳到"BOTH"位，启动线路断开，两个磁电机同时工作。正常工作期间，磁电机开关都在"BOTH"位。磁电机产生的高压电通过高压导线传输到点火电嘴，在电嘴的中央极与旁极间形成了很高的电位差并使电嘴间隙之间的气体发生强烈的电离，产生电火花。通常是左磁电机管左排气缸的下部电嘴和右排气缸的上部电嘴或右磁电机管右排气缸的下部电嘴和左排气缸的上部电嘴。单磁位仅用于在地面发动机试车时对磁电机工作性能进行检查，即检查单磁工作时磁电机掉转是否在规定的范围内。如果单磁掉转超过规定的范围，则应对相应的磁电机进行检查。发动机停车后，磁电机开关必须放在"0FF"位，以防扳转螺旋桨时磁电机误点火，使发动机重新爆发，造成危险。

如图 8.14 所示，FLAP 为襟翼收放，通常设置 UP、10、20、FULL 挡位，AILERON TRM 为副翼配平，RUDDER TRM 为方向舵配平，LDG GEAR 为起落架收放，通常有 UP、DOWN 挡位。

图 8.13 电源及磁电机/启动开关

图 8.14 襟翼、配平、起落架收放

LIGHT 面板如图 8.15 所示，BEACON 为红色防撞灯（信标灯）开光，LAND 为着陆灯开关，TAXI 为滑行灯开关，NAV 为导航灯开关，STROBE 为白色高频闪灯开关。

图 8.15　外部灯光选择面板等

在下方控制开关中，PITOT HEAT 为皮托管加热开关，ALT STATIC AIR 为备用静压源开关，ANTI ICE 为机翼防冰活门电动控制开关，HYD PUMP L 为左液压系统开关，HYD PUMP R 为右液压系统开关，PARKING BREAKE 为驻留刹车开关，FUEL BOOST LEFT/RIGHT 为左右燃油泵，TANK SELECT 为燃油选择开关。

动力系统操纵组件，包含油门杆、变距杆与混合比杆，颜色和排列与真实飞机相同，如图 8.16 所示，黑色为油门杆，蓝色为变距杆，红色为混合比杆。如图 8.17 所示为方向舵与滑行制动脚蹬。

图 8.16　动力系统操纵杆图

图 8.17　方向舵与滑行制动脚蹬

8.4.2　通信导航面板

通信导航面板模拟了多种机型共用的必要通信导航设施，如图 8.18 所示。

① ——COM1/NAV1；

② ——COM2/NAV2；

③ ——ADF 面板；

④ ——DME 面板；

⑤ ——应答机及导航面板；

⑥ ——自动驾驶 AP 面板；

⑦ ——GPS 面板；

⑧ ——其他控制面板。

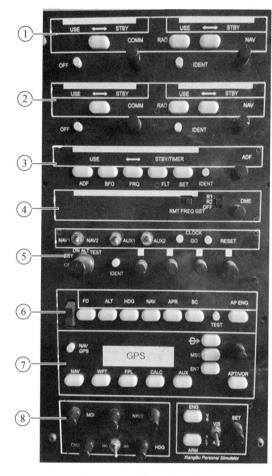

图 8.18　通信导航面板

8.5　桌面模拟飞行练习器常见故障处理

8.5.1　桌面操纵控制台无响应

启动\PC-ATD 目录下的"vJoyClient.exe"程序。打开 Windows 的游戏控制器，检查桌面飞行操纵控制台的虚拟游戏控制器"vJoy Device"是否存在，如图 8.19 所示，若不在，有可能是误点击了"vJoySetup.exe"程序，对该设备进行了反安装，但又未进行安装所致。重新运行"vJoySetup.exe"程序，并安装虚拟游戏控制器。

如 vJoy Device 设备存在，使用测试页面进行测试，可转动驾驶盘等，看是否有响应，如无响应，可对左边飞行操纵控制台进行断电重启。

必要时可用 ping 192.168.2.50 测试网络是否通畅。

检测 Windows 防火墙是否屏蔽了"vJoyClient.exe"程序。

如上述测试正常可以检测模拟飞行游戏中设置如图 8.20 所示，进一步在 FSX 中检测桌面飞行操纵控制台的设置，如图 8.21。

图 8.19　游戏控制器界面

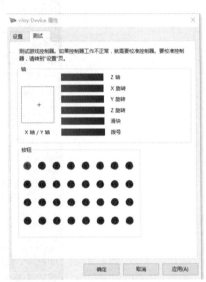

图 8.20　模拟飞行游戏器检测

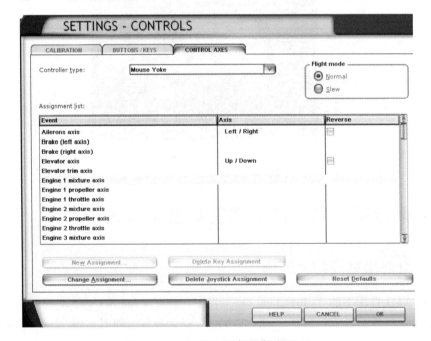

图 8.21　FSX 的飞行操纵控制设置

8.5.2　通信导航面板不响应

检查设备管理器中通信导航面板串口设备是否为串口 5，如图 8.22 所示。如否，重新设置端口号，并重新插拔通信导航面板的 USB 线。

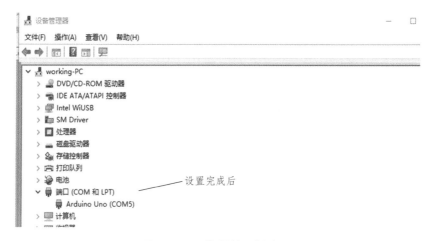

图 8.22　通信导航面板串口

8.5.3　按压配平按键不动作或切换视角

在模拟飞行游戏中"BUTTONS/KEYS"中重新设置桌面操纵控制台的配平按键，如图 8.23 所示。

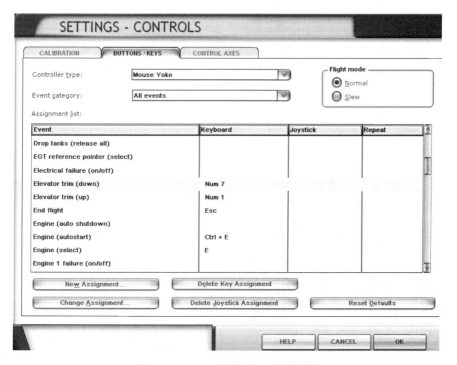

图 8.23　FSX 重新设置配平按键

8.5.4　模拟飞行游戏中总显示刹车

在游戏控制器测试页面检测脚蹬是否如图 8.24 所示，如否，重新校准脚蹬。

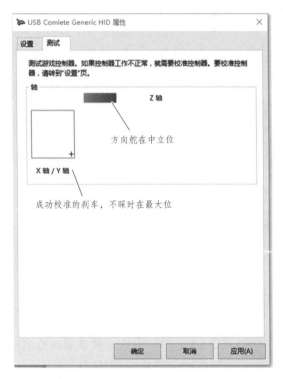

图 8.24　脚蹬校准

如校准数据正常，可在模拟飞行游戏飞行状态下，选择菜单"Add Ons"，如图 8.25 所示，在子菜单 FSUPIC 游戏杆校准页面中，对刹车进行校准，如图 8.26 所示。

图 8.25　FSX 驾驶舱界面

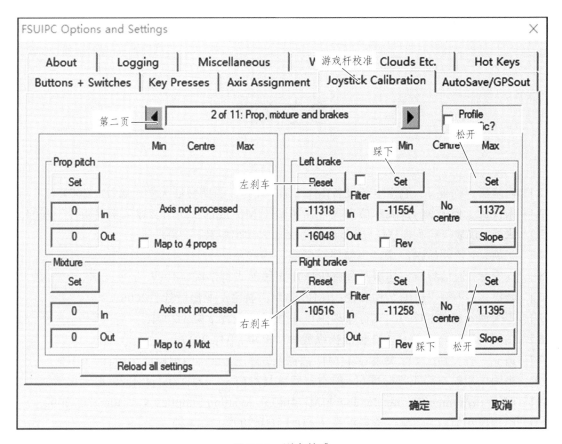

图 8.26　刹车校准

参考文献

[1] 何晓薇，徐亚军. 航空电子设备[M]. 2 版. 成都：西南交通大学出版社，2004.

[2] 朱代武，何光勤. 目视和仪表飞行程序设计[M]. 成都：西南交通大学出版社，2004.

[3] 张焕. 仪表飞行程序[M]. 成都：西南交通大学出版社，2004.

[4] 张焕. 空中领航[R]. 中国民航飞行学院，1999.

[5] 宣家禄. 通信导航雷达服务设施[R]. 中国民航飞行学院，1997.

[6] 隆巴多. 小型飞机的结构和使用[M]. 北京：航空工业出版社，2006.

[7] 王大海，杨俊，余江. 飞行原理[R]. 中国民航飞行学院，2001.

[8] 中国民航飞行学院. C172 标准操纵程序（SOP）[G]. 2017，7.

[9] 迈克·鲁文斯. 飞行快速心算[M]. 潘振文，译. 北京：中国民航出版社，2015.

[10] 中国民用航空局飞行标准司. 航空器驾驶员指南 ——地面运行[S]. 2014，10.

[11] FAA. Instrument Flying Handbook[M]. 4th Ed. Aviation Supplies & Academics, 2002.

[12] 中国民用航空局. 航行资料汇编（AIP）[G]. 2008，8.

附录1 发动机地面试车检查程序

飞行员在进行地面滑行前和滑行后，对发动机进行地面试车检查必不可少。试车检查必须按照相应的程序来进行，下面以 C172 配备的 IO-360-L2A 发动机为例进行说明。

IO-360-L2A 发动机地面试车检查程序。

告警：

（1）发动机启动后，在 30 s 内滑油压力无指示，应停车。

（2）滑油温度达到绿区之前，发动机转速不能高于 1 200 r/min。

（3）试车时，气缸头温度不能超过 500 ℉（260 ℃）（B 型适用）。

1. 地面准备

（1）查看飞机外表	完好；
（2）系留罩布	解除；
（3）静压孔堵头、空速管套、牵引杆	取下；
（4）轮挡	挡好；
（5）灭火器	准备好；
（6）飞机周围	无障碍；
（7）螺旋桨下	干净；
（8）发动机罩	扣好；
（9）滑油量	6 ~ 8 US gal。

2. 座舱检查

（1）舵面锁	取下；
（2）停留刹车	刹住；
（3）升降舵调整片	起飞位；
（4）真空度计	起始位；
（5）混合比手柄	慢车关断位；
（6）飞机总电门	接通；
（7）断路器	接通；
（8）燃油关断阀门	开；
（9）燃油选择开关	双（左或右）；
（10）襟翼	收上；
（11）防撞灯	接通；

| （12）航行灯 | 夜间打开； |
| （13）座舱门 | 关好。 |

3. 启　动

1）冷　发

（1）燃油增压泵	接通；
（2）混合比	全富油，燃油流量指示上升后至关断位；
（3）油门手柄	至 L/4 in；
（4）燃油增压泵	接通。

2）热　发

（1）燃油增压泵	接通；
（2）混合比	全富油停留 1 s 后关断；
（3）油门手柄	至全开位；
（4）燃油增压泵	关断。

启动：

| （5）磁电机选择开关 | 启动位（最长不超过 30 s）； |

发动机启动后：

| （6）磁电机选择开关 | 双磁位； |
| （7）混合比 | 全富油位。 |

4. 暖　机

（1）发动机转速	1 000～1 200 r/min；
（2）滑油压力	绿区；
（3）发电机电门	接通；
（4）按下测试按钮，告警板指示灯	全亮；
（5）暖机完毕	滑油温度绿区、气缸头温度高于 200 °F。

5. 试　车

1）磁电机检查

| （1）油门 | 1 800 r/min； |
| （2）滑油压力、滑油温度、真空度 | 绿区； |
| （3）磁电机检查：单磁掉转不超过 150 r/min，双磁掉转差不超过 50 r/min。 |

2）发动机检查

（1）全油门	发动机转速/燃油流量检查；
（2）全油门（最长 10 s）转速	动力装置工作稳定；
（3）滑油压力、滑油温度、真空度计	绿区；

（4）慢车转速　　　　　　　　　　　　　　600 r/min；

（5）慢车混合比慢拉手柄，开始转速上升 20～40 r/min，继而下降为正常。

3）推油门至转速不超过 1 000 r/min，检查磁电机搭铁应正常

6. 停　车

（1）冷机转速　　　　　　　　　　　　　　1 200 r/min；

（2）停车温度限制　　　　　　　　　　　　气缸头温度稳定或低于 284 ℉；

（3）停车前推油门至 1 800 r/min，烧电嘴 15 s 后拉油门至 900～1 000 r/min 并拉混合比手柄至关断位停车；

（4）燃油关断阀门　　　　　　　　　　　　关闭；

（5）磁电机开关和各电门　　　　　　　　　关闭。

附录 2　单人制机组飞行简令卡

飞行简令卡示例，可以纳入标准运行程序、飞机飞行手册、飞行员操作手册的检查单。

1. 航前简令

（1）航行通告：机场仪表进近-关闭的跑道/滑行道。

（2）减噪程序。

（3）起飞时发动机失效程序。

（4）航站区离场线路上的障碍物。

（5）重大的天气情况。

（6）其他已知风险及计划。

（7）跑道起飞性能、越障、最小爬升梯度等。

2. 滑行前简令

（1）无塔台或有塔台机场起飞。无塔台：增强其他落地或起飞航空器的意识。

（2）管制员滑行指令（若有）。

（3）滑行路线/热点。

（4）标准仪表离场或按仪表飞行基本规则离场。

（5）初始航向、高度、航路点或航段。

（6）任何其他需要考虑的项目，如最低设备清单。

3. 进近简令

（1）机场航行通告。

（2）闭的跑道/滑行道。

（3）减噪程序。

（4）复飞时发动机失效。

（5）进近航路上地形或障碍物。

（6）最低安全/扇区高度。

（7）重大的天气情况。

（8）落地等待的操作。

（9）可能影响航空器进近和着陆能力的系统的状态。

（10）保持是否有其他航空器落地或起飞的警惕意识，加强在无塔台机场运行时的意识。

（11）获得机场天气和着陆信息。

（12）确定着陆跑道。

（13）仪表/目视方式确定跑道。

（14）预定脱离跑道道口和滑行道/热点。

（15）着陆性能。

（16）自动刹车设定。

（17）着陆襟翼设定。

（18）仪表进近方式和跑道。

（19）要求的能见度。

（20）进近图数据。

（21）主要导航设备频率。

（22）最后进近航道。

（23）最后进近核定高度。

（24）公布的决断高（度）、警告高度或复飞点。

（25）接地区标高。

（26）复飞程序。

（27）其他已知的风险和计划。

附录3　Cessna 172R NAV Ⅲ起飞简述

起飞简述由操纵飞机的飞行员完成，应包含以下内容。

（1）谁来执行本次起飞。

（2）本次起飞的类型、飞行科目。

（3）起飞速度、初始高度和离场航路。

（4）离场频率和应答机编码。

（5）起飞发动机故障处置。

（6）讨论任何异常非标准或会影响飞行安全的情况。

注：起飞发动机失效，建议的程序为

（1）如果离地前发动机故障，收油门，中断起飞。

（2）如果起飞后发动机失效，

① 低于 300 m，保持飞行操纵，建立 65 kn 下滑姿态，前方直线迫降，如有必要使用小坡度转弯避开障碍物。

② 高于 300 m，建立 65 kn 下滑姿态，选择合适迫降场，如有可能转回机场迫降。

③ 如有可能，执行相关检查单并通知 ATC。

附录 4　Cessna 172R 正常检查单

座舱检查单	
接收飞机	完成
磁电机	关
停留刹车	设置
燃油量	_____ SA.GL
飞机质量与平衡	计算，检查
舵面锁	解锁
BUS1、BUS2 风扇	检查
备用静压源	关（完全推入）
襟翼	30°
燃油关断活门	开（完全推入）
燃油选择器	BOTH 位

进近检查单	
两个高度表	QNH _____
混合比	调整
通信/导航频率	设置
DA/MDA	设置
襟翼	10 度
燃油选择器	BOTH 位

开车前检查单	
舱门/行李舱门/座椅	关好/调好
电子设备、灯光、系统电门	关
断路器	全部按入
停留刹车	设置
油门杆	设置
混合比	关断
备用电瓶	测试、预位
发动机指示系统	无红色 "X"
M 电压/E 电压/S 电流	检查
总电门	开
防撞灯	开

五边检查单	
磁电机	BOTH 位
混合比	全富油
襟翼	设置
燃油选择器	BOTH 位

滑行前检查单	
安全带	系好
MBATT 和 BATTS 电流	显示正值
PFD/MFD	设置/参数正常/无警告
两个高度表	QNH _____
速度游标/航向游标/预选高度/航道杆	设置
配平	起飞位
襟翼	起飞位
起飞简述	完成

着陆后检查单	
着陆灯、频闪灯	关
空速管加温	关
襟翼	收上
混合比	调整

起飞前检查单	
侧窗/舱门	锁好
飞行操纵	检查
磁电机	BOTH
着陆灯、滑行灯、频闪灯	开
混合比	调整
燃油选择器	BOTH

停机检查单	
磁电机	关
电子设备电门	关
备用电瓶电门	关
外部灯（防撞灯、航行灯）	关
混合比	关断
燃油选择器	左或右
停留刹车	按需
座舱照明	关
总电门	关

起飞后检查单	
着陆灯	关
襟翼	收上
混合比	调整（高度 3 000 ft 以上调贫油）
高度表	按需要设置

附录 5 Cessna 172SP 主要性能数据

1. 操纵速度

V_{NE}——最大速度	163 KIAS
V_{SO}——着陆形态失速速度	40 KIAS
V_{MCA}——最小光洁速度	48 KIAS
V_R——抬前轮速度	55 KIAS
V_X——最大爬升角速度	67 KIAS
V_Y——最大爬升率速度	75 KIAS
巡航速度	95 KIAS

2. 放襟翼限制速度

10°flap	110 KIAS
25°flap	85 KIAS
30°flap	85 KIAS

3. 动力系统

正常上升	2 165 r/min
巡　航	2 100 r/min
进场下降	1 800 r/min

附录 6 Beachcraft Baron 58 主要性能数据

1. 操纵速度

V_{NE} ——最大速度	223 KIAS
V_{SO} ——着陆形态失速速度	75 KIAS
V_S ——最大质量失速速度	84 KIAS
V_R ——抬前轮速度	90 KIAS
V_X ——双发动机最大爬升角速度	92 KIAS
V_Y ——双发动机最大爬升率速度	105 KIAS
V_{XSE} ——单发动机最大爬升角速度	100 KIAS
V_{YSE} ——单发动机最大爬升率速度	101 KIAS
V_{LE} ——最大起落架收放速度	152 KIAS
V_{MCA} ——最小光洁速度	84 KIAS
最小下滑角速度	115 KIAS
V_A ——机动速度	156 KIAS
颠簸气流穿越速度	156 KIAS
积冰条件下最小速度	130 KIAS

2. 放襟翼限制速度

10°（APR）	152 KIAS
30°（DN）	122 KIAS

3. 动力系统

起飞爬升	2 700 r/min
巡航爬升	2 500 r/min

附录 7 Beachcraft Baron 58 操作程序

1. 启动前

【 】停留刹车	设置（CTRL+PERIOD）；
【 】电子设备电门	关；
【 】起落架	放下（G），三个绿灯亮；
【 】整流罩风门	打开；
【 】燃油选择器	开（SHIFT+4 显示油门杆及位置）；
【 】所有开关和设备控制	检查；
【 】电瓶和发电机电门	开；
【 】燃油量指示器	检查油量；
【 】防撞灯	开；
【 】开车前检查单	执行。

2. 启动（按下 CTRL+E 启动两台发动机，或……）

1）左发动机（E+1 关注左发相关仪表）

【 】混合比	富油（CTRL+SHIFT+F3 增加/F2 减少混合比）；
【 】螺旋桨变距	最小桨距（CTRL+F3 减小/F2 增大桨距）；
【 】油门	最大（F3 增大/F2 减小进气压力）；
【 】燃油增压泵	高压（直到流量达到峰值，然后关闭）；
【 】油门	关；然后开约 1/2 in；
【 】磁电机开关	START 位；启动后松开自动回至 BOTH（M+R、L、BOTH 启动）；
【 】油门	启动后推至 900～1 000 r/min；
【 】滑油压力	30 s 内升至 10 PSI；
【 】升温	900～1 000 r/min；
【 】发电机电门	开；
【 】充电表和电压表	检查电瓶充电；
【 】红色 "START" 指示灯	检查（启动时亮，启动后熄灭）。

2）右发动机（E+2 关注右发相关仪表）

【 】混合比	富油（CTRL+SHIFT+F3 增加/F2 减少混合比）；
【 】螺旋桨变距	最小桨距（CTRL+F3 减小/F2 增大桨距）；

【 】油门	最大（F3 增大/F2 减小进气压力）；
【 】燃油增压泵	高压（直到流量达到峰值，然后关闭）；
【 】油门	关；然后开约 1/2 in；
【 】磁电机开关	START 位；启动后松开自动回至 BOTH(M+R、L、BOTH 启动)；
【 】油门	启动后推至 900 ~ 1 000 r/min；
【 】滑油压力	30 s 内升至 10 PSI；
【 】升温	900 ~ 1 000 r/min；
【 】发电机电门	开；
【 】充电表和电压表	检查电瓶充电；
【 】红色 "START" 指示灯	检查（启动时亮，启动后熄灭）。

（按下 E，然后按 1，2 关注两个发动机的相关仪表）

3. 启动后

【 】电子设备电门	按需要开启（SHIFT+2 显示无线电通信和导航控制板）；
【 】航行灯	开；
【 】襟翼	起飞位；
【 】航向仪	校准，航向游标设置；
【 】高度表	设置气压基准面；
【 】音频控制板	调音量，发射机、接收机选择；
【 】通信、导航频率	设置；
【 】航道（CDI、HSI）	设置；
【 】RMI	导航源选择；
【 】起飞简述	完成；
【 】开车后检查单	执行。

4. 滑行（向滑行区域做扇形检查，确认无障碍）

【 】滑行灯	开；

打滑行手势，松刹车，平稳起滑，滑行速度不超过 20 KIAS。

【 】刹车踏板	检查；
【 】操纵系统	检查无卡阻；

转弯过程中，检查前轮转弯机构正常，航向仪，侧滑仪，地平仪指示正常。

【 】滑行检查单	执行。

5. 试　车

【 】停留刹车	设置（CTRL+PERIOD）；
【 】燃油增压泵	关（如果大气温度在 32 ℃ 或以上，使用低压

增压）；

【 】全部仪表　　　　　　　　　　　检查；
【 】燃油指示器　　　　　　　　　　检查油量指示；
【 】混合比　　　　　　　　　　　　起飞满油门时按机场标高调节；
【 】燃油选择器　　　　　　　　　　开；
【 】红色"START"指示灯　　　　　检查（启动时亮，启动后熄灭）；
【 】油门　　　　　　　　　　　　　2 200 r/min（需要调节时按 F2 或 F3）；
【 】螺旋桨变距　　　　　　　　　　练习（收变距使转速下降 200 ~ 300 r/min，然
　　　　　　　　　　　　　　　　　后回到最大转速）（CTRL+F2/F3）；

【 】油门　　　　　　　　　　　　　1 700 r/min（F2/F3）；
【 】磁电机　　　　　　　　　　　　检查，左右单磁转速下降<150 r/min；左右相
　　　　　　　　　　　　　　　　　差 <50 r/min（M+MINUS SIGN 与 M+PLUS
　　　　　　　　　　　　　　　　　SIGN 左、右、左、双）；

【 】油门　　　　　　　　　　　　　1 500 r/min（F2/F3）；
【 】螺旋桨变距　　　　　　　　　　顺桨检查（转速下降不超过 300 r/min）；
【 】油门　　　　　　　　　　　　　慢车（注意转速）（F2/F3）。

6. 起飞前

【 】停留刹车　　　　　　　　　　　设置（CTRL+PERIOD）；
【 】升降舵配平　　　　　　　　　　起飞位（NUM LOCK 关闭，根据需要按数字
　　　　　　　　　　　　　　　　　键盘上的 1 或 7）；

【 】襟翼　　　　　　　　　　　　　起飞位（F6/F7）；
【 】飞行控制　　　　　　　　　　　能正常控制；
【 】防冰系统　　　　　　　　　　　按需设置；
【 】燃油增压泵　　　　　　　　　　关（32 ℃ 以上用低压增压）；
【 】燃油量表　　　　　　　　　　　检查；
【 】整流罩风门　　　　　　　　　　全开；
【 】油门　　　　　　　　　　　　　慢车（F2/F3）；
【 】螺旋桨变距　　　　　　　　　　最大转速（CTRL+F3）；
【 】混合比　　　　　　　　　　　　全富油（CTRL+SHIFT+F3）；
【 】空速管加温、自动除冰　　　　　按需开启；
【 】发动机、电气仪表　　　　　　　正常；
【 】应答机　　　　　　　　　　　　设置；
【 】自动驾驶仪　　　　　　　　　　设置并关闭；
【 】起飞最低滑油温度　　　　　　　24 ℃；
【 】起飞前检查单　　　　　　　　　执行。

7. 起　飞

【 】停留刹车　　　　　　　　　　　松开（PERIOD）；

【 】油门   最大（F3）；
【 】空速 V_1=85 KIAS，V_R=90 KIAS；
【 】仰角   10°。
上升率为正，收起落架。

8. 爬 升

【 】油门   最大（F3）；
【 】螺旋桨变距   2 700 r/min（CTRL+F3/F2）；
【 】混合比   按需设置贫油（CTRL+SHIFT+F2/F3）；
【 】整流罩风门   开；
【 】空速   105 KIAS；
安全高度，收襟翼。通常用 0°襟翼起飞。
【 】起飞后检查单   执行。

9. 巡航爬升

【 】油门   80%满油门（F2/F3）；
【 】螺旋桨变距   2 500 r/min（CTRL+F3/F2）；
【 】混合比   按需设置贫油（CTRL+SHIFT+F2/F3）；
【 】整流罩风门   按需设置开度；
【 】空速   136 KIAS；
【 】发动机温度表   监视；
【 】燃油增压泵   按需设置。
穿越过度高度，完成高度表气压基准面转换。

10. 巡   航

【 】整流罩风门   关；
【 】功率   设置（F2/F3）；
【 】燃油增压泵   按需设置；
【 】混合比   按 EGT 设置；
【 】发动机稳定   正常、稳定；
【 】空速   6 000 ft，170～180 KIAS；

                                  9 000 ft，150～160 KIAS；

【 】无线电、自动驾驶   按需设置并检查。

11. 下降与进近

（1）过 IAF 前，收听通播，检查通信导航设置。穿越过度高度后，完成高度表气压基准面转换。
【 】高度表   设置（按 B 自动设置）；

【 】混合比　　　　　　　　　　　按需设置富油（CTRL+SHIFT+F2/F3）；

【 】整流罩风门　　　　　　　　　关；

【 】功率　　　　　　　　　　　　按需设置（避免长时间慢车）（F2/F3）；

【 】进近简述　　　　　　　　　　执行；

（2）过 IAF。

【 】襟翼　　　　　　　　　　　　APP 位（F6/F7）（速度小于 152 KIAS）；

【 】燃油选择活门　　　　　　　　检查开；

【 】燃油增压泵　　　　　　　　　关闭或按大气温度设置低压；

【 】整流罩风门　　　　　　　　　按需设置；

【 】混合比　　　　　　　　　　　按机场标高设置；

【 】进近检查单　　　　　　　　　执行。

（3）过 IF。

（4）切入航向道 LOC。

【 】起落架　　　　　　　　　　　放下（切入 G/S 前一个半点，空速小于 152 KIAS）。

（5）过 FAF。

【 】襟翼　　　　　　　　　　　　着陆位（空速小于 122 KIAS 时，切入 G/S 前半个点）（F6/F7）；

【 】空速　　　　　　　　　　　　建立正常进近速度（约 95 KIAS）；

【 】螺旋桨变距　　　　　　　　　最大转速（CTRL+F3）；

【 】着陆灯、滑行灯　　　　　　　开；

【 】五边检查单　　　　　　　　　执行。

决断高度/复飞点前看见跑道，转为目视进近；至决断高度/复飞点不能见跑道，则复飞。

12. 着陆后（脱离跑道）

【 】着陆灯和滑行灯　　　　　　　按需开启；

【 】襟翼　　　　　　　　　　　　收上（0°）（F6）；

【 】升降舵配平片　　　　　　　　0°（NUM LOCK 关闭，根据需要按数字键盘上的 1 或 7）；

【 】整流罩风门　　　　　　　　　开；

【 】燃油增压泵　　　　　　　　　按需设置；

【 】着陆后检查单　　　　　　　　执行。

13. 关　车

【 】停留刹车　　　　　　　　　　设置（CTRL+PERIOD）；

【 】螺旋桨变距　　　　　　　　　最高转速（CTRL+F3）；

【 】油门　　　　　　　　　　　　1000 r/min（F2/F3）；

【 】燃油增压泵　　　　　　　　　关；

【 】电子设备开关	关；
【 】混合比	慢车关断（CTRL+SHIFT+F2）；
【 】磁电机/起动开关	发动机停止后关闭（M+MINUS 左、右、关闭）；
【 】电瓶和发电机	发动机停止后关闭；
【 】停车后检查单	执行。

14. 离　机

| 【 】飞行纪录 | 填写； |
| 【 】系留及轮挡 | 按需设置。 |

注：此操作程序为真实飞行操作程序经修改用于模拟飞行参考。

附录 8　737-800NG 系统简介

1. 737-800 操作限制（仅供飞行模拟）

最大起飞和着陆顺风分量：10 kn。

最大速度：遵守起落架和襟翼速度标牌。

最大使用高度：41 000 ft。

禁止在自动驾驶仪接通时使用副翼配平。400 ft AGL 以下，不要接通自动驾驶起飞。

进近单通道操作时，低于 50 ft AGL 自动驾驶仪不要保持接通。

仅襟翼 30°或 40°及双发工作时可以使用自动落地。

仅在等于或低于 8 400 ft 气压高度的机场可以使用自动落地。

（1）发动机点火。

在下列情况下必须接通发动机点火：

① 起飞。

② 着陆。

③ 大雨中飞行。

④ 防冰工作。

（2）反推。

禁止在空中有意地选择反推。

（3）APU。

空中-APU 引气+电源载荷：最大高度 10 000 ft。

仅地面-APU 引气+电源载荷：最大高度 15 000 ft。

APU 引气：最大高度 17 000 ft。

2. 飞行操纵

最大放襟翼高度为 20 000 ft。

禁止在结冰情况下放襟翼等待。

在低于无线电高度 1 000 ft 飞行时不能使用减速板。

飞行中，不要将减速板手柄超过飞行卡位。

避免过快和过大的操纵量的改变，尤其是俯仰、滚转或偏航同时改变量过大（如大的侧滑角），这将导致结构损坏。

通常情况下，副驾驶在没有得到机长的许可之前，不得改变襟翼和起落架的任何形态。

检查单的阅读和无线电通信必须在飞行轨迹和地形许可已获得控制后才能开始。

起飞离港、进近着陆简令必须由操纵飞机的飞行员来完成，必要时不操纵飞机的飞行员可对关键部分进行补充。

飞行阶段 PF 的主要职责：

滑行；飞行航迹和空速控制；飞机构型；导航。

飞行阶段 PM 的主要职责：

读检查单；通信；PF 吩咐的工作；监控滑行，飞行航迹，空速，飞机构型和导航。

在飞行期间，PF 和 PM 的职责可能会变化。例如，机长可以在滑行期间充当 PF，但在起飞至着陆期间充当 PM。

滑行前，机长或副驾驶可以进行 CDU 输入。另一名飞行员必须对输入数据加以核实。

如有可能，应在滑行前或停机后进行 CDU 输入。如果必须在滑行期间进行 CDU 输入，则必须由 PM 负责输入。在执行之前，PF 必须对输入数据加以核实。

在空中，通常由 PM 进行 CDU 输入。在工作负荷容许的情况下，也可以由 PF 进行一些简单的 CDU 输入。负责输入的飞行员只有在另一个飞行员对其输入进行核实后，才可执行变化。 在工作量较大时，例如离场或着陆期间，应尽量减少 CDU 输入的必要性。可利用 MCP 航向、高度和速度控制方式来做到这一点。使用 MCP 比在 CDU 上输入复杂的航路修改要容易一些。

任何时候，当飞行员对计算机产生怀疑并认为自己的能力比"自动能力"更好更安全时，应人工接替对飞机的控制。

3.737 正常检查单（仅供飞行模拟）

（1）飞行前。

氧气..测试，100%；

仪表转换电门..................................NORMAL；

风挡加温..ON；

增压方式选择器..................................AUTO；

飞行仪表........................航向____，高度表___；

停留刹车..刹住；

发动机启动手柄................................CUTOFF。

（2）起动前。

驾驶舱门....................................关闭并锁定；

燃油................................_____LBS/KGS，泵开；

旅客信号牌..___ ；

活动窗..锁定；

MCP........................V2 ___，航向___，高度___；

起飞速度....................V1___， VR___， V2___；

飞行前 CDU 准备................................完成；

方向舵和副翼配平......................活动无阻，0；

滑行和起飞简令....................................完成；

防撞灯 ....ON。

（3）滑行前。

发电机 ....开；

皮托管加温 ....ON；

防冰 ....___ ；

隔离活门 ....AUTO；

发动机启动电门 ....连续；

再现 ....检查；

自动刹车 ....RTO；

发动机启动手柄 ....IDLE 卡位；

飞行操纵 ....检查；

地面设备 ....移开。

（4）起飞前。

襟翼 ....___，绿灯；

减速板 ....DOWN 卡位；

安定面配平 ....____单位。

（5）起飞后。

发动机引气 ....ON；

组件 ....AUTO；

起落架 ....收上并关断；

襟翼 ....UP，无灯。

（6）下降。

增压（CPCS 飞机）..................座舱高度___，着陆高度___；

增压（DCPCS 飞机）..着陆高度___；

再现 ....检查；

自动刹车 ....___；

着陆数据........................VREF ___，最低标准___；

进近简令 ....完成。

（7）进近。

高度表 ....___。

（8）着陆。

发动机启动电门..连续；

减速板..预位；

起落架..放下；

襟翼 ....___，绿灯。

（9）关停。

燃油泵..OFF；

皮托管加温..OFF；

液压面板..调定；

襟翼..UP；

停留刹车..___；

发动机启动手柄...CUTOFF；

气象雷达..关。

（10）安全离机检查。

IRS..OFF；

紧急出口灯..OFF；

风挡加温..OFF；

组件..OFF。

4. CDU 飞行前程序 —— 机长和副驾驶 （仅供飞行模拟）

飞行前预备程序结束后，在任何时候都可以开始 CDU 飞行前程序。在执行飞行前程序期间，检查飞行仪表前必须完成初始数据和导航数据输入。性能数据输入必须在"启动前检查单"之前完成。

机长或副驾驶都可以进行 CDU 输入。另一名飞行员必须对数据加以证实。

注：航路风输入失误可能会导致飞机计划时间和燃油消耗误差。

（1）初始数据-- 设置。

初始页面：

① 证实型号正确。

② 证实发动机推力正确。

③ 证实导航数据库现用数据日期范围正确。

位置初始页面：

① 证实时间正确。

② 在设置惯导位置（SET IRS POS）行输入当前位置。使用最精确的经度和纬度。

（2）导航数据-- 设置。

航路页面：

① 输入初始机场（ORIGIN）。

② 输入航路。

③ 输入航班号。

④ 启用和执行航路。

离场页面：

① 选择跑道和离场航路。

② 执行跑道和离场航路。

③ 证实航路和航段页面正确。

（3）性能数据-- 设置。

性能初始页面：

① 输入无燃油量（ZFW）。

② 证实 CDU 上的燃油量与放行单以及燃油量指示器中的油量一致。

③ 如果没有完成加油，按需输入计划航程燃油。

④ 证实本次飞行燃油量充足。

⑤ 证实 CDU 上的全重和巡航重心（GW/CRZ CG）与放行单一致。

推力方式显示：证实显示 TO。

N1 限制页面：

① 选择一个假设温度，或固定的减推力起飞，或按需选择两个。

② 按需选择全推力或减推力上升。

起飞基准页面：

① 在输入 1/2 页数据前输入 2/2 页数据，输入重心（CG）。

② 证实已显示一个配平值。

③ 选择或输入起飞 V 速度。

④ 证实或输入减推力高度。

⑤ 证实飞行前完成。

5. 737-800 冷舱启动

（1）在机型选择界面选择 PMDG 737-800NGX（非 FSX 默认机型），Shift + 3 进入 MENU 界面，按压右四 PMDG SETUP 行，再按压右二 PANEL STATE LOAD 选择 NGX CLDDR 执行键加载冷舱状态。

 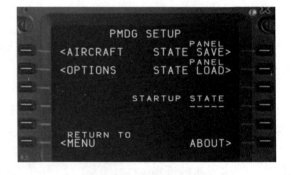

（2）接通电瓶电源，检查电压指示。

（3）进行火警测试。

（4）打开左前燃油泵。

（5）启动 APU，检查排气温度，接通 APU 汇流条，飞机开始由 APU 供电。

（6）进行顶板设置，从上到下，由左及右。偏航阻尼器（Yaw damper）调至 ON。CAB/UTIL 和 IFE/PASS 调至 ON；紧急出口（Emergency exit）预位；禁止吸烟和安全带指示灯（"no smoking"和"fasten belts"）调至 ON；风挡加温开关（Window heat switches）调至 ON；电动液压泵（Electric hydraulic pumps）（"ELEC 1"and"ELEC 2"）调至 ON；隔离活门（Isolation valve）和 APU 引气（APU BLEED）调至 ON。APU 现在可以给空调、增压系统引气，还可以启动发动机；在增压面板（Pressurization panel）上设置巡航高度和着陆高度。

（7）执行 CDU 飞行前程序。

（8）启动发动机。

选择次要发动机显示 —— 副驾驶。

将空调组件（PACK）电门关闭（OFF）—— 副驾驶。

宣布启动顺序 —— 机长。

喊话"启动发动机"—— 机长。

设置发动机启动电门 —— 副驾驶。

证实 N2 转速增加 ——（机长，副驾驶）。

当看到 N1 转动且 N2 达到 25%，或（如果 N2 不可能达到 25%）在最大起动机转速且 N2 最小为 20%时，以慢车（IDLE）方式使用发动机启动手柄 —— 机长，监控燃油流量和 EGT 显示 —— 机长，副驾驶。

在 N2 达到 56%时，证实发动机启动电门跳至关位（OFF）。如果没有，则将发动机启动电门扳至关位（OFF）—— 副驾驶。

当发动机启动电门跳至关位（OFF）时，证实启动活门开（START VALVE OPEN）警戒灯熄灭，喊话"启动机脱开"—— 副驾驶。在发动机加速至稳定慢车期间，监控 N1、N2、EGT、燃油流量和滑油压力显示正常 —— 机长，副驾驶。

在发动机稳定在慢车后，启动另一发动机。

6. 起飞程序

操纵飞机的飞行员	监控飞机的飞行员
	在 CDU 的起飞基准（TAKEOFFREF）页面输入跑道偏离
	在进入起飞跑道时，接通（ON）频闪灯电门，按需使用其他灯光
证实刹车松开； 使飞机对正跑道	允许起飞时，接通（ON）固定着陆灯（FIXED LANDING）电门； 设置应答机方式选择电门 TA/RA
前推推力手柄至大约 40% N1 使发动机稳定	
按压 TO/GA 电门	
证实正确的起飞推力已设置	
	在起飞中监控发动机仪表。喊出任何非正常显示。在 60 kn 前按需要调整起飞推力。 顶风较强时，如果 60 kn 时推力手柄没有前推到计划的起飞推力，人工前推推力手柄
起飞推力设置以后，在 V_1 前机长的手必须放在推力手柄上	
监控空速； 在驾驶杆上保持轻微的顶杆力	监控空速，喊出任何非正常显示
证实 80 kn 并喊话"检查"。	喊话"80 节"
证实 V_1 速度	证实自动 V_1 喊话或喊出"V_1"
V_R 时，抬头至 15°俯仰姿态； 离地后，跟随飞行指引指令； 建立正上升率	V_R 时喊话"抬轮"，监视空速和垂直速度

证实高度表上的正上升率并喊话"收起落架"	证实高度表上的正上升率，喊话"正上升率"； 收上（UP）起落架手柄
400 ft 无线电高度以上，喊出所需的横滚方式	选择或证实此横滚方式
到达减推力高，证实已设置上升推力	
到达加速高，喊话"设置襟翼收起速度"	设置襟翼收起机动速度
证实加速； 按照收襟翼速度计划表喊话"襟翼＿＿"	按指令设置襟翼手柄； 监控襟翼和缝翼收起
在襟翼和缝翼收起完成后，喊话"垂直导航（VNAV）"	按压垂直导航（VNAV）电门
横滚方式和 VNAV 接通后，接通自动驾驶	
	襟翼收起完成后，① 设置或证实发动机引气和空调组件正在工作； ② 按需设置发动机启动电门； ③ 关闭（OFF）自动刹车（AUTOBRAKE）选择器； ④ 起落架收起完成后，关闭（OFF）起落架手柄
喊话"起飞后检查单"	执行起飞后检查单